03 总第三期
REGISTERED ARCHITECT

注册建筑师

深圳市注册建筑师协会

主　编　张一莉
副主编　赵嗣明　艾志刚　陈邦贤

中国建筑工业出版社

序

赵春山 住房和城乡建设部执业资格注册中心主任

时至今日，如果不执着于枝节问题，而在全球化的背景之下审视中国建筑事业的发展，其成就无疑是巨大的，也是值得高度肯定的；而在这样一个大合唱之中，以注册建筑师为起始点的个人执业资格制度，作为中国建筑事业的基础性声部，其深远意义已经逐步凸显。

遥想草创之时，一批卓越的建筑事业开创者筚路蓝缕以启山林，他们以崇高的时代使命感和独特的事业敏感性，开风气之先，选择注册建筑师制度作为突破口来探索建立个人执业资格制度。在一个并未完全摆脱计划经济体制束缚的时代，以追求长远良性发展为旨归，谋求建立一种有效、规范、责任的市场管理体系，落实工程质量责任、保障工程质量安全，适应扩大开放和与国际设计市场接轨的需要，这样的努力与尝试是多么需要勇气和智慧、果敢和创新！在他们畅想的蓝图中，通过资格审查和考试获得个人执业资格，将取代原有的职称考评制度，保证人才的评价更加公平、公正、公开；完整的执业资格标准体系将促使各专业执业人员不断调整自己的知识结构，在实践中丰富职业素养；不仅如此，个人职业资格制度的确立，还将打造与国际平等对话的平台，按国民待遇原则建立有效的准入机制，为加强国际交流合作、实现资格互认、对等准入奠定基础，等等。

可以看到的是，这样的构想，很多在今天已经变成了现实。仅就注册建筑师制度而言，其实施意味着在建筑领域首次引入个人执业资格制度，催生了我国第一个建筑学学士学位，促成了我国首家个体建筑师事务所，我国注册建筑师也开始进入相应的国际组织，其执业身份获得了高度认可。多年之后，在中国乃至世界建筑市场上，我们看到了越来越多的中国建筑师的身影，听到了越来越多的发自中国建筑师的声音。在各国建筑师对话与沟通的舞台上，中国建筑师争奇斗艳，百花齐放，不拘泥于流派和风格，不局限于具体的技术和标准，他们以更为开放和积极的姿态，在同台联袂或角逐的过程中，锤炼自身，彰显能力，成就梦想与辉煌。正如我们所看到的，几代中国注册建筑师，虽然可能各自拥有不同的理念、不同的方式方法，甚至各自着力于不同的领域，但他们却有着共同的事业追求，也因此塑造了中国建筑异彩纷呈的风貌。

回过头去思考，以注册建筑师制度建立开启中国的个人执业资格事业，期间也不乏经验和教训，甚至一些问题严重影响了制度的健康发展。但在一个近乎狂飙突进的中国建设事业大发展的时代，这些似乎不难理解，至少不是无可匡正的。中国的注册建筑师在为一栋栋精美的建筑，一个个庞大的建筑群，还有一个个宏伟的规划而殚精竭虑、倾尽心志的时候，他们一定已经意识到了自己肩上的担当和责任，他们也很明白自己的权利和义务。工程质量责任制度的确定，保证了他们的努力可以成就今日中国建筑的工程质量和未来的世界声誉，而不是付之阙如。虽然不一定提起，但每个人都实实在在拥有一个共同的名字：中国注册建筑师！

在既往的成就面前，出现的问题需要后来者以更为积极的姿态去面对，需要以和开创事业同等的决心和智慧去探索与思考，去尝试与创新。这是时代留给今天的任务，也是注册建筑师们对未来的期盼。

不沉湎于既往，就需要思索：今天，我们还应该做些什么？

从大的层面来看，今天我国个人执业资格制度的考试、注册、继续教育等方面已经相对比较完善，工作重点主要是去解决注册后的执业责任落实与追究、执业道德行为约束等方面不足的问题。如，如何解决在企业资质和个人执业资格制度并行情况下，工程质量责任体系不够完善、注册证章挂靠现象严重，以及注册人员法定权利落实不到位等一系列问题？如何在各行各业诚信体系建设均不到位的情况下，在工程诚信体系的基本框架中，加快诚信信息库的建设，加强诚信体系与市场的对接，使诚信信息成为业主选择执业资格注册人员的参考？如何在目前的工程责任制度下，建立更为完善的行业清出机制？如何在加强法律层面的强制性约束的同时，实现更为严格的执业道德层面的自律约束和管理……

仅就自律管理而言，国外通行的做法是在个人执业资格制度外，设立相应的注册人员学（协）会，如注册建筑师协会、注册工程师协会，负责对会员执业道德规范的制定和监督，实现行业自律，同时负责维护执业注册人员的合法权利，代表会员与政府沟通与协商。对执业注册人员的管理，在政府层面须依法管理、依法处罚，但执业道德的规范、会员的监督就需要依靠相关协会组织来解决了。这可以理解为一个中间的层面。

而从更小的层面来说，每个注册建筑师都需要加强自身执业道德素质，接受相关专业和职业培训，通过学习和不断的实践，提升自我修养和设计水平，通过思考、创作和实践来丰富我国注册建筑师事业，探索我国建筑事业更为宏伟的未来。

包括注册建筑师制度在内的成熟的执业资格体系，需要相关的配套政策和措施支持，需要一个逐步完善的过程，也需要各个方面的理解和支持。在它不够完善的地方，恰恰是寄托希望、继续改善的地方。《注册建筑师》就是秉承这样的宗旨，具体呈现几个层面的思想和实践，形成不同角度、不同层级的冲击和碰撞，在互通有无、相互砥砺的过程中生成更新的思维和认识。在这里，我们可以领略建筑大师的风采，他们的热忱和担当，正是中国建筑事业滥觞和成就的稳固根基；在这里，我们可以欣赏建筑师对专业的执着，正是在他们手中，一张张美丽的蓝图绘就，也成就了我们今天的城市和建筑，成就了今天的五彩斑斓；在这里，我们还可以看到管理者的勇敢探索，以及得自实践的真知灼见。无论建筑理论的探讨和研究，无论作品还是建筑技术的推荐，所有的一切都将如涓涓细流汇入中国建筑事业的洪流之中。

前 言

深圳市注册建筑师协会会长

  书有道、艺无涯、笔永健、技常青。深圳市注册建筑师协会主编的《注册建筑师》丛刊第三期现已出版和大家见面了。在此，谨向参与、支持《注册建筑师》的各级业务主管部门、各设计机构和建筑师们致以诚挚的谢意。

  《注册建筑师》现已出版了三期，初步显示出了下列特色：一是《注册建筑师》得到国家职业主管单位——住房城乡建设部执业资格注册中心的关注和支持。注册中心赵春山主任为《注册建筑师03》写了序言。阐述了注册建筑师的执业责任和执业道德，以及今后淡化企业资质建立以个人执业为主体的工程质量责任体系等问题。原注册中心副主任修璐博士在《注册建筑师01》刊载了其撰写的《中国注册建筑师制度20年历程》的长文，系统地阐述了我国建立注册建筑师制度的必要性、迫切性和可行性，以及实行这一制度具有的现实意义和长远的战略意义。二是彰显和宣传了知名的建筑设计机构和注册建筑师的个人业绩和"品牌"实力，提升了其设计市场的"品牌效益"，为走向国外的设计市场和更广阔的设计舞台，做好舆论和实力的准备。深圳市注册建筑师协会和有关设计单位专家组建了评委会，大胆地摆脱了"论资排辈、论衔排序"陋习，以专业成就、贡献以及执业能力、诚信为标准，先后两次评出具有一级注册建筑师资质的优秀总建筑师14人、优秀项目负责人29人、优秀注册建筑师47人，总人数为90人，占深圳市注册建筑师总人数的6.2%。人数尚少，此项由建筑师自我评价、群众评优活动尚需继续。三是《注册建筑师》的内容充实、职业特色突出、栏目逐渐增多，市场观念增强。已初显其具有了方向性、专业性和群众性。

  《注册建筑师》的宗旨：反映和体现注册建筑师的职业考试、教育、执业、管理等工作环节上的意见、技能、水平和成果业绩；彰显和评估注册建筑师的责任、诚信、思想和职业道德；介绍和交流注册建筑师的认识、经验、观点和设计理念；分析和对比我国注册建筑师在执业过程中和国际习惯做法的不同、不足、差别和处理方法；了解和拓展职业建筑师的"建筑学服务"的流程、职能体系和职业服务空间。

  本期《注册师建筑》新增加了"建筑院士访谈录"和"画作颂神州"、"筑苑秀群英"三个专题栏目。建筑院士戴复东教授、郑时龄教授与采访人的对话，给我们带来了知识、经验和建筑理念的启迪。郭明卓、孟建民两位建筑设计大师在"注册建筑师论坛"的栏目里，各自以其建筑实践的工程实例，阐述和解读了现代化建筑设计的方法和地域性问题。能在《注册建筑师》刊载院士、大师们的卓识和高见，《注册建筑师》编委会深感振奋和荣幸。为了提高书刊的质量而增设的"画作颂神州"和"筑苑秀群英"两个栏目，彰显和映现了注册建筑师们的艺术造诣和参加各项活动的风采。

20世纪80年代初，中国改革步伐加快，以中国特色的社会主义的模式迅速崛起。中国建筑师在城市化高潮中，在这个世界最大建筑市场大舞台上，以适用、经济、美观、生态的基本原理进行设计实践，带动了建筑产业科学、和谐、可持续发展，推动了绿色建筑的成长和壮大。

深圳，地区性的国际化城市，其建筑市场经历了30多年的改革发展过程。已建成的建筑具有三个特色：一是建筑类型繁多，功能合理，形象新颖，呈现出建筑形式多样化的特色。深圳市改革开放之初，建筑设计机构和建筑师来自全国各地，所设计的建筑或多或少的带有各自地域性的特色，同时又受境外建筑的直接影响，所设计的建筑物的空间形象则各自有所不同，因之呈现出群花争艳的特色。二是深圳建筑师踏入建筑市场竞争较早，提前适应了市场竞争的机制，设计机构和建筑师品牌意识和实力较强，虽有境外建筑师参加市场竞争，但深圳市的建筑有90%以上是中国建筑师设计完成的。三是深圳建筑具有"创新性"，体现在建筑理念、形象、功能、技术等各个层面上。创新，现时又具体地落实在绿色建筑的促进过程和成果中，深圳已成为全国绿色建筑面积最大的城市之一。深圳30余年的建筑文化是在中西建筑文化的交流和碰撞中产生，不仅没有削弱中国文化，而更促进中国建筑文化"更上一层楼"，促成中国人新的文化自觉。中国建筑文化事业，百花齐放的时代已经到来。

《注册建筑师》丛刊，就是书写中国职业建筑师在中国崛起的过程中所做的奉献，记录中国建筑师在推进生态文明建设中奋发图强的精神和力量，从而映现和歌颂这个在人类大变革时代的我们伟大的祖国。今天，中国的建筑师们不宜过于"谦虚谨慎"和"韬光养晦"，应在"走上世界舞台，参加全球治理、和平发展、筑梦中国"新的认知和实践的基础上，实事求是地看待自己，不骄不躁、自尊自强，继续阔步向前。

综观全国各地具有悠久文化传统和现代意识的中国建筑师，在建筑设计竞争的市场上，英姿勃发、昂然挺立。

中国建筑文化生态园地，依然"庭摇竹影、堂聚兰香、春色满园、繁花似锦"。

序 赵春山

前言 刘毅

建筑院士访谈

8　戴复东院士的建筑情怀　采访者：柴育筑
18　郑时龄访谈（节选）　采访者：张振光、杜一鸣

注册建筑师论坛

28　地域性与现代建筑设计　郭明卓（中国工程设计大师）
38　我国养老建筑设计实践——新疆大湾·金色阳光健康养老社区　孟建民（中国工程设计大师）、唐大为

执业实践与创新

46　大漠绿洲，兰州新地标——兰州新区综合服务中心创作心得　吴超
50　学校建筑设计实践　张一莉　张琮
60　基于人文关怀的养老建筑设计研究　陈竹　黄海
70　新型城市综合体为我们带来了什么？——昆明·滇池国际会展中心案例　忽然
84　设计细节的执行——打造优质项目的关键　马桂霖　陈晓
94　滨江综合社区的规划要素——以扬子华都项目为例的设计探索　陈晓然
99　蛇口再出发——蛇口网谷城市更新设计　万力　徐衍锴
104　珠生于贝　贝生于海——BIM技术在珠海歌剧院项目中的应用　黄河
109　项目全程控制与限额设计——深圳市青少年活动中心设计过程　刘杰
113　浅谈超高层城市综合体的设计特点　马自强
118　浅谈以分散化的集中模式实现地块集约性与环境舒适性的平衡
　　——以湖州南太湖高新技术产业园区大钱区域综合开发项目为例　蔡迅时
120　有机统一　浑然天成——浅谈梅县外国语学校方案设计
　　　方甍　孙丽萍　张国辉　王福康　胡盛佳　王冠　叶敬峰
122　自然之力，四时五谷——中粮集团北京农业生态谷
　　　蔡明　韩嘉为　张明宇　杨浩　张伟峰　叶俊明　陈婷
124　"中粮·紫云"——超高开发强度下的建筑技艺　张伟峰
126　高山流水·水落石出——超高开发强度下的建筑技艺　蔡明　胡永　何智勤　熊伟　唐莎
128　取模构建于"体"，解析于"面"——hpa模型工作实践法　沈晓帆　沈军　聂光惠
130　长沙运达中央广场
135　深圳市超多维科技大厦建筑设计
138　编织时代脉络的锦缎丝绣——江苏镇江·新苏国贸中心
142　盘龙山水、诚信九烟——江西·九江烟草大厦
145　运河明珠，龙腾邳州——江苏邳州·新苏城市中心
148　丹麦零碳排放生态建筑——绿色灯塔
154　让日光成为学校的符号——瑞典职业学校改造项目

理论研究与规划

- 158　福田中心区的规划起源及形成历程（二）
  　　　——市政建设福田中心区：征地详规后构建路网（1989～1995年）　陈一新
- 181　关于旧村改造规划的思考　张朴
- 186　深圳学派建设：深圳建筑设计体现时代的主流风格

注册建筑师之窗

- 190　杨旭
- 194　陈竹
- 198　陈炜
- 202　符展成
- 206　蔡明
- 210　何显毅
- 214　张文华
- 216　吴科峰

画作颂神州

- 218　梁鸿文　钢笔彩色画
- 220　刘　毅　素描
- 222　高磊明　水彩写生
- 224　黄厚泊　钢笔彩色画

筑苑秀群英

- 226　郭明卓、倪阳设计大师到深圳讲学
- 227　关于公布第二届深圳市优秀总建筑师、优秀设计项目负责人和优秀注册建筑师评选结果的通知
- 228　附录一　2014年深圳市注册建筑师会员名录（含香港与内地互认注册建筑师会员）
- 236　附录二　《注册建筑师》编委风采

- 238　编后语

戴复东院士的建筑情怀

采访者：柴育筑

戴复东

中国工程院院士、教授
博士生导师
国家一级注册建筑师
政府特殊津贴获得者

采访者：戴先生，我也对您所做的建筑创作做了一点"研究"，觉得您的作品除了有理念，有构思，有想法，有闪光处，还有一点情怀，什么情怀，我一下子也说不清。总觉得您对自己做的东西有感情，有责任，有担当。而这又好像与建筑师的职能有些相悖，因为建筑师就是为他人做嫁衣，就是要服从业主的意志。

戴复东：还不成熟的建筑师，还没有经过磨砺树立自己一定声望的建筑师，当然更多地要听从业主的要求。而比较高明的建筑师也是可以以自己的方式来引导和影响业主的要求。得到业主更多的信任，建筑师发挥的空间就可以增大，他就有可能把要做的东西当做自己的东西来做，对它负起责任，在里面倾注自己的思想感情。当然最根本的也是要向业主交出一个高品质、高品位、他使用着舒服的作品。

情系贵州建筑的石头与人

采访者：您在自己的建筑创作中已经很自觉地要在其中注入传统的精华，植入民族的根，不过，您曾经吃过复古主义的苦头，那么您又是怎样认识传统的东西、民族的东西，识别出其中的精华呢？

戴复东：我可以从贵州布依族建筑来谈谈这个问题。中学我在贵州读书时看到那里的房子很奇怪，和别的地方不一样，破破烂烂归破破烂烂，但它不一样，墙就是毛毛糙糙的石块或厚石板垒的，屋顶也是粗糙的石片盖上去的。到读大学的时候，才了解到，很多欧洲、美洲大资本家盖的别墅也有这种样子。墙体就是一片片的石头，地面也用很大的石块或石板铺着，不是很平，有点高高低低，打了蜡很漂亮的。我才知道，贵州的石头是这么好的东西啊，脑子里有了印象。

1983年1月，朱厚泽（采访者注：戴复东校友，当时贵州省委领导，后任过中宣部部长）请我开会，研究贵州发展规划，去贵阳、安顺，贵州中西部看了。在路上，看到路边小山包上一个小房子，就是石板建筑，正是我要研究的内容，于是就下车去考察。房子前后用石头围墙围起来，前院是一块完整的岩床，旁边有一块菜地，还有个厕所，这时屋里走出来一个妇女，大概是主妇，穿着看上去比较穷。我匆匆勾画了平面草图，拍了几张照片就离开了。

但是，到了晚上躺在床上就不能睡了，一直在想这座房子，想它为什么孤零零地建造在小高地的坡坎边，它的材料是哪里来的？它是怎么建起来的？想到半夜，想通了。认为这座房子是一个普通穷苦人家的住房，但它的建造却包含深刻的哲理。

我想，这个主人是没地，没钱，没材料的，但他在这个贫瘠的荒地小山坡划定一个范围，运用大脑和双手建起了一个"家园"，他先把岩层上一部分薄土搬到划定的位置，于是这块地方土层变厚，就可以用来种菜了。然后他把表土下暴露出来的薄层石灰岩一层层地开凿掉，就开出了200平方米左右的岩床平地，于是有了宅基。而开凿出来的石板、石块，有的可以做建筑的墙体，有的可以盖屋顶，这样，没有土地，他搬来了一块土地，没有建筑材料，他挖出了建筑材料。屋前还有一个大石板的场地，不是很光，毛毛糙糙的，主人可以洗洗晒晒东西。这样，他就有了最基本的生存条件，这一点是非常了不起的。他用不了这么多材料，还可以送给亲戚朋友。他们自己解决自己的住宿、生存，如果石头再垒得整齐些，房间里搞干净些，地上铺着石板，再搭个炉子，冬天烘火吃饭，很舒服的，比窝棚那要好多了。这是贵州，特别是出石板的这块地方很重要很重要的民族传统。

我研究后把他们的建屋方法归结命名为"挖、取、填"造屋体系。我认为这是一种很科学、有较大实用价值和很好经济效益的建屋体系。这和平原地区的农民造房非花很多钱不可，又占用农田的情况，形成鲜明对比。

但是，人们的认识往往是很曲折的，现在，住在这一带的居民很多人认为这种房子很"土"，希望造砖瓦房，造"洋房"，甚至不惜花很多钱，用很多汽油到外省去运砖瓦。他认为那是真正的房子，住那样房子的是有钱的人，还住这样的房子是没有钱的人。而在美国有钱人反而要用这种东西。

石屋所有的材料都是现成的，没有花什么特别的钱，只要花些力气把那里稍微平整一下，石头就出来了。现在仍然可以做，给我一块地的话，我仍旧要做。上个月（采访者注：2013年3月）我去看了，遇到一个布依族人，他喜欢画画，我把我1989年写的《石头与人——贵州岩石建筑》这本书给他看了，对他说："这是布依族老祖宗用的办法，你为什么不用？"他说："我要用，我要用。"现在他准备搞一个这样的东西出来。

所以，当地人那些看法是不对的，材料的

武钢科技大厦全景

"土",是有地方气息,问题是后面很多条件没有跟上去,建筑师就要帮他们设计,使它符合今天的要求。所以我现在要找地方做点东西出来,让老百姓看看,你这样才是舒服的。

采访者: 您要搞什么样子的?

戴复东: 就是这种石头的。这房子造2层楼、3层楼都可以。

采访者: 能抗震吗?

戴复东: 贵州就是这个大特点,很少地震,基本没有。

采访者: 用什么粘结?

戴复东: 不用粘结,就石头垒起来就行。

采访者: 那推一下不会倒吗?

戴复东: 你要有这个力气,可以推,但没有人有这个力气推动它。

我对贵州政府讲,你找块地方,我来替你搞。他们也愿意。

采访者: 您是怎么说服贵州政府的?

戴复东: 我讲,少数民族老是带人看以前住的地方,并不是说破破烂烂就是少数民族。他们听了很同意。现在准备搞,我说,要保证的:第一个是卫生间现代化,地下铺石板就可以了,但要用抽水马桶,用浴缸,用脸盆。我说,这是你们应该享受的东西,城里人可以享受,你也可以享受,不能说少数民族就是那种样子,要与时俱进嘛。第二个,你们的厨房一定要改造,不能再烧柴火什么的,你们用煤气嘛,煤气你们照样可以用嘛。用天然气嘛。这样厨房、厕所就很漂亮了,其他房间你把它弄得漂漂亮亮的,这就是我们少数民族哎。当然先决条件是少数民族要想法提高文化水平,要解决他们的工作和就业。

我们去的地方,是都匀布依族、苗族自治区和水族,叫我规划设计。

采访者: 现在很多地方都喜欢花很多钱打造一个民族风情园作为旅游景点,里面的建筑造得也蛮漂亮的,有点民族风味,但并不真的是那些少数民族人员的家,而是他们展示少数民族风俗风情的场所。

戴复东: 那就意义不大,谁住在里面?旅行团来看什么呢?这是错误,人如果不在里面住,完全错误的。应该给人看什么?原来是很落后的,现在也发展了,一步步好了,但民族的、好的东西没有丢掉。这才是真正民族的东西。

我对他们讲,你们有一部分人要搬到城市里,他们搬来后怎么生活?这很简单。其中之一是他们生产一种画画的纸头,那么就在城市或靠城市边缘的地方继续生产，而人就住在城市里，那么自来水啊，污水处理啊，都和城市在一起了，他就有机会用洗澡间，用好的厨房，这种生活不是假的，是真的，而且他们应该这样生活。我是很坚持这个观点的。这个观点他们都同意的，我们所里的小年青也同意。

采访者：同意是同意，真要做到蛮难的。

戴复东：是的，就要设法推动，把那几个做纸的厂子搞起来，我们现在在做。

采访者：城镇化，不是说你人都挤到城里来，而是你自己形成一个城镇，照样做你自己的事情，民族的风情都保留着。

戴复东：对，对。比如这个石板房子照样有，但这个厕所现代化了，厨房现代化。管道跟着城市一块走了，他就生活在这块地方，这样才能真正看出是布依族、苗族自治州也包含水族。自治州里的少数民族人权威还是很高的，但是生活水平还不够高。

采访者：您还是很有雄心壮志的。

戴复东：我觉得我应该这样做，我也不是今天这样想，已经多少年下来想了很久了。

少数民族自然条件非常好，这房子可以造得很漂亮，也可以造三层楼的，甚至四层楼、五层楼也可以造，石头都是他们原来的东西，他们的民族服装也可以保留下来。然后其他的装饰啊、剪纸啊都可以保留。这是他们的东西，可以让其他过去没有见过的人去见一见，觉得你这个民族真是了不起，中国真是了不起。否则的话，让人家看的，还都是很破旧的、破烂的，还是那种样子，怎么能拿得出来呢？

这次我们要搞，要花很大力气，但我们还是愿意的，这是做实事。

采访者：要从政府推起，有权的才能主导啊。

戴复东：有权的人现在也不敢说不做，我讲要这么做。还有少数民族的其他的用品，如服装啦什么的，也要做出来的，那么你就在城里做好了，又不一定非要跑到乡村做。你在城里住，我给你改造你原来住的那种房子。

采访者：到城里，他住在哪块地方？

戴复东：都匀划块区域，是做工艺品的地方，他就在这里工作，住下来。

采访者：很多地方都是假的，请几个人假装做东西，表演给人看。

戴复东：我觉得这是对少数民族的不尊重。

我这样做了，才是真正的中国梦，我既然是一个建筑师，我就应该在建筑上帮大家慢慢实现中国梦。当然完全靠我不可能。建筑上要解决的一个是少数民族住宅，一个是贫穷的人的住房。贫穷人的住房在建筑上考虑简单些。少数民族住宅要保护它的民族性。怎么样保护呢？首先他们要生活在城市里才能保护。生活在城市很重要一点就是他们工作在城市。不工作没用。贵州也搞过好多房子，让他们搬进来，没多久，他们又搬出去了，因为他们要种田的。跑远了不行。那么搞一个村庄，很重要的是卫生间、厨房应该现代化，他应该享受的。这就像国外，没有城乡差别，只是分工不同，农民的生活质量也很高的。我在贵州做一些努力，也不是要别人对我们怎么样，主要目的就是帮助他们实现中国梦。对我来说是一件很大的事情，我很喜欢朝着这条路走。

采访者：您和吴庐生老师两个出差，那里路又不平，你们很困难的吧？

戴复东：这不是主要的问题，把东西搞好了，我们就很开心。

这事在启动，都匀城市里给一块地，做规划，我有意识地把一部分少数民族安排进来。也来个大帽子：少数民族、布依族、苗族是这个自治州的主人，他们应该住进来，住到城市里面来。

采访者：那里汉族人多不多？

戴复东：数量比较多，多虽多，但工作上受少数民族领导。

采访者：您也是汉族人，一般的人不会对那里想这么多。

戴复东：不会想的。我搞这个专业，要考虑这个问题。

采访者：现在少数民族汉化也很厉害。

戴复东：很厉害的，好多年前，那里的少数民族就不穿自己民族的衣服，只有赶场的时候才穿一穿，先还不穿，在离赶场有一段距离的地方，再商量什么时候穿。我这里有几张老的照片，是特别请他们穿的，衣服是从箱底拿出来的，他们要走亲戚才穿。

采访者：做这件事你蛮高兴，也蛮花力气的，也是你的追求和精神寄托吧？帮别人做好事也是帮自己。

戴复东：他们弄好了，我就很高兴。

采访者：投资多不多？

戴复东：投资商投资。把房子盖起来了，那些人进来，他们有工作做，他们有钱赚了，他们就可以享受这些，并不一定要他们本人出钱不可，但他们还是要出钱的，因为将来这个房子的产权是他们的，水、电、气的费用还是要交的。

采访者：也算是在西部吧，国家也要投点钱吧？

戴复东：国家现在投了不少钱，山顶上有很多少数民族的人，后来地方政府觉得山顶不好了，就在城市里找了一块地方给他们造房子，那些人说，我们到城市里怎么生活啊？这样原来的房子保留，住在城里。他们如果不能靠自己生活，没有用的。就是要让他们住，生活、工作在一起，这工作完全能够养活他们，而且还能够消费，这才是真正的城镇化。

城镇化进程把种田的摆在后一点，让搞工艺美术的先进来。今后种田的不要那么多人，可以搞机械化，和国外一样。他们生活条件上去了，民族的东西就愿意保存了。

获胶州半岛海草石屋至宝

采访者：戴先生，您对乡土建筑好像情有独钟，能够从表面的破破烂烂中发现可以挖掘的美和科学。前面谈到的您对布依族的石板建筑就是这样。现在挖掘乡土建筑并不受偏见，建筑设计院也主要是搞高楼大厦，您所做的很多事情好像都属于非主流的。

戴复东：是的，是非主流的，别人都不愿意去做，但是我觉得非常有意义。

1986年夏天，我第一次到胶东半岛，特别引起我兴趣的是自古以来就有的民居——海草石屋。这种屋子屋顶上所用的草是当地沿海浅海中生长的独特海草。海草被海浪不断带到岸上的沙滩，人们只要花点劳动力就可以收集到，晒干后铺设在屋面上。

这个海草真是好东西。当地人经过长期实践，屋顶铺设上厚下薄，坡度较陡，可以迅速排水，海草屋顶有冬暖夏凉的功效。事实证明，海草耐久性非常好，近百年的老屋屋顶拆下，草还能使用。最奇的是，一根海草着火后会被烧焦，但没有火焰，具有防火耐燃性。

海草石屋的墙体是当地的花岗岩，石块用白石灰浆粘结并勾出白色细缝。整个建筑群在沿海和山丘上，层层叠叠就像蘑菇一样，密密麻麻拱出地面，给人一种敦厚、朴实、谦逊、温馨的感觉。可是，经济发展了，人们开始认为，住这样的房子显得太土，太穷，还要自己收集海草，是穷酸相。就把海草屋顶拆除，换上机平瓦，显示自己的生活有了改善，特别在经济比较发达的地区更是这样，但是我访问过他们并问询过他们，他（她）们告诉我："换了后冬天太冷！"

我理解他们。这种建筑进深比较浅，只有4米左右，远远不能满足今天人们丰富多样生活的要求。其次，富裕的人用建筑材料只要花钱买，用车拉就行了，他们不愿意花时间，花劳力到海滩去拾取海草，而且这也给人造成"穷"的印象。但我认为这是暂时的，会改变的。于是，从那个时候起，我就向胶东半岛一些城市的有关领导，建委、城建和规划部门一遍遍呼吁，要重视这种具有强烈地方特色传统建筑的保护工作，同时建议他们在沿海的郊区再规划和建造一些这种海草石屋，我愿意为他们做规划和设计。但是长期下来，一年又一年，一遍又一遍，没有任何反应。虽然如此，我没有灰心丧气，仍不厌其烦地呼吁和建议。

1990夏末秋初，终于皇天不负有心人，来了一个难得的好机会。在胶东半岛的东端的荣成市，我向张执政书记和李国栋副市长又提了建议，并画了一张海草石屋的设计方案图，建议他们试试造一幢这样的建筑作为接待用。我想，能造一幢就是一个良好的开端，我就心满意足了。但他们研究后，给我的回答完全出乎我的意料，荣成市决定建造7幢海草石屋，这使我感到十分兴奋并受到鼓舞。

这7幢房子位于一个北高南低的高台地上，南面是大海。我决定每幢建250平方米左右，在平面和空间布置上各不相同，但都有最优的视野和环境。7幢建筑排列好后，市建委前主任王家瑄顾问说："这平面形态有点像北斗星宿。"我认为他的看法很好，后来就把这组建筑定名为北斗山庄。

我设计海草石屋坚持三项原则和标准：第一，在屋面建造上尊其法，不废其制；第二，在平面空间布置上用其材，不囿其围；在造型观感上尊其形，更重其神。

北斗山庄是一个完整的建筑创作和室内外环境创作，我感到自己是尽了努力，得到当地的支持，应当是很满意了，可是，事情远远不是这样简单和风平浪静。建筑物建成后，人们才告诉我一切详情，原来，这是一个复杂的、充满困难的艰巨过程。

在我们的施工图交付后，地方上出现很多很大的阻力，集中的意见就是应当建造"现代化"的房屋，而不要造"破草房"，要重新设计。最后还是市委张书记在一次会议上作了结论，他说："建海草石屋正确还是错误，就让历史来做结论吧！"这样才得以开工。同时，张书记又指示，一切要依据设计进行，不得改变。其中我设计的阁楼客房一开始遭到很大抵触，幸好有尚方宝剑，保证了工程不受干扰。

在建造过程中，有一幢先铺好了草顶，来了一批韩国客人参观，他们很喜欢这些建筑，提出以10万美元一幢购买，这让所有的人感到震惊。他们想，这种草顶房真能值这么多钱？传统的价值观受到了极大的冲击。当然房子没有卖出去，因为这房子是国有资产！不久又来了台湾的一些朋友，他们也很喜欢，提出以15万美元一幢购买。又不久，一位美国老板带了一位美国建筑师，准备在荣成市开发美国式的木住宅。他们也看到海草石屋，也很喜欢。美国建筑师问是谁设计的，当听说了我的名字后，说他知道我。他一天里三次从山下的宾馆上山，仔仔细细查看这7幢建筑。此外，大批到荣成出差的人，旅游的人也纷纷上山参观，工地上的人络绎不绝，据说赞不绝口。原先最受反对的阁楼客房，因为别致、温馨，特别受到推崇。

这样，地方上的不同意见和反对意见有了转变。认识到海草石屋不是"破草房"，而是很有价值的、有地方特色的珍宝，问题是要好好运用和设计。

我听了这些介绍，当然很高兴，很激动，我认为更重要的是，我使一种观念起了变化。

采访者：现在那里怎么样了？

戴复东：他们后来在北斗山庄里面又增加了很多东西，海草石屋还是保留的，不过这是少量人享受的，一般人享受不到。

采访者：他们不继续做海草石屋了？

戴复东：还是老样子，你自己去捞草，总是很吃力的。

采访者：如果有经济头脑的，捞草也可以做成一个产业啊？

戴复东：是可以做成产业，但是现在捞不到草了，为什么呢？人们种了大量的海带在海边，草不长了。种海带赚钱，捞海草当地人觉得赚不了钱，但他们没有想到，海草可以几十年不烂，住在里面很舒服的。这要政府主导，现在没有人倡导。

采访者：荷兰、匈牙利都有草顶屋的小镇小村，很漂亮，是很著名的景点和景观。

戴复东：他们那还不是海草，没有海草好。

采访者：您反正也把自己的想法，变成东西留下来了，说不定哪一天会时兴的。

戴复东：我现在有机会就要到海草房这样的地方，到石板这样的地方去，帮他们真的搞大批房子出来，他们或许一看会说：喔哟，了不起，是好东西啊！

把智慧注入中国残疾人培训中心

采访者：戴先生，上海漕宝路上有一排很现代的公共建筑，很引人注目，是上海中国残疾人体育艺术培训基地，也叫诺宝中心，这是您和吴庐生老师一起设计的吧。在现代社会，对残疾人的关爱程度，是社会文明程度的标尺。听说建造残疾人体育艺术培训基地是过去从未有人做过的事，里面有许多非常规的要求，中国残疾人联合会在全国找过好几家设计单位，最后找到您。

戴复东：为残疾人做设计，是个难题。那是在1998年初，中国残疾人联合会决定在上海建造一所代表国家水平的、综合性的多功能残疾人体育艺术培训基地，这是国内第一所，没有先例可循。相关的负责人就带着我、吴庐生等设计人员去观看了两次残疾人艺术团演出，我们被演出者惊人的毅力和精湛的艺术所打动，我们个个泪流满面，深深感到残疾人应该得到全社会的尊重和爱护，我们都决心要把诺宝中心建成残疾人的殿堂。同时，我们也想力争能够残健共享，这一点也成为设计中的重要原则。为此，我们费尽了心思，总结下来，设计上有几个突破。

第一，是公寓楼的设计，平面做成了类似"8"字形。因为，建设方告诉我们，在国外演出时，领队和工作人员在旅馆走廊里招呼前后的聋哑队员很不方便，他们根本听不见呼叫的声音，希望我们能解决这个问题。我们两人冥思苦想，最终吴庐生提出平面采用两个圆形相接，电梯放在两个圆之间成为束腰双圆。这样，楼层走廊是环形的，电梯是观光式的，无论聋哑学员在走廊还是电梯上，都看得见周围的人用手势和肢体语言与他交流。

第二，是消防通道设计，这里的消防通道是两道大坡道，很宽，坡陡度适当，这样宽和长的坡道在国内其他类型建筑中绝无仅有。坡道是为方便坐轮椅者使用的，它的另一个功效是，可以让其他人平时用做爬坡的体育锻炼，一举两得。

第三，是游泳馆设计，从平面上看，它是一个长方形；从立体看，像个花篮。我俩这样的设计，既是为了不重复自己的过去，也是为了节能。游泳馆是一个耗能较大的空间，要想节能，一个办法是缩小空间，但泳池泳道的长度和宽度都要保证，高度也不能太低，否则会感到压抑。长、宽、高都不动，空间又怎么缩得了？结果，我想出一个办法，就是把长方体变成中间高两头低的抛物线，再沿着长轴方向，斜切两刀，把上面两个角切掉。两块斜切后的平面，全部采用钢结构支撑杆件加玻璃，成为泳池的采光面。看上去十分现代，实现了功能、节能和形态的较好结合。

第四，为了符合规范上泳池内防火、防水要求，这次所用的钢材料结合了两种性能，既耐火又耐锈，这在全世界都找不到的。美国只生产耐火钢，而日本只生产耐候钢，也就是不易锈蚀的钢。我专门找到武汉钢铁公司，请那里的科研人员研制出既耐火又耐候的钢材，把它用在了诺宝中心游泳馆建筑上，这也可以说是用材上的首创。

还有一点，不算突破，但也是独家的。1958年我设计武汉东湖客舍，做小礼堂舞台的台口台唇，我动了不少脑筋，把它做成活动的，平时与一般的舞台台口没有什么两样，需要的时候，可以从整个正面逐一拉出五格台阶，方便台上台下打成一片。当时知道东湖客舍是给毛主席使用的，就想到，如果毛主席想从台上走下来，或者台下有儿童上去献花，有大的台阶就效果好多了，就动了这么个脑筋。东湖客舍后来对外开放，我和吴庐生去参观了一次，活动台口还在，我试着拉拉，很活络的。我动了这么多脑筋做出一个这么好的东西，这次我一定要用在这里的舞台上，当然现在是电动的了。

总的方案决定后，我们又做了模型，这个时候有国际残联的成员来上海，他们看到设计模型后问："这是哪个国家设计的？"中残联工作人员告诉他们："这是中国建筑师设计的。"这座建筑我们曾送到北京评审，有位评委认为公寓楼圆形不好，坚持不给奖，最后给了三等奖，我们认为该评委不懂，就撤回了申请，后来上海要我们申报，获得2006年上海市建筑创作优秀奖排名第一。

家乡现代广场彰显农文化

采访者：您在你的家乡搞了一个农文化广场，是很别出心裁的，"农"本来是人们生存的本能活

浙江大学紫金港校区中心岛建筑群鸟瞰

动，而我们的先人几千年下来，把这种活动积淀成文化，靠着大量的口头和文字传承着。在现代社会，这种文化与我们已经渐行渐远，现在您用广场建设的形式，为农文化留取一席展示之地不光是别出心裁，也是很有意义的。您在这方面一定也下了不少功夫。

戴复东： 2002年秋天，安徽无为县副县长陪同一位无为籍房产开发商黄万勇先生来找我，请我在市区边缘的地方规划设计一个文化广场，我很高兴地接受了这一任务，问他们："是什么性质文化的广场？"他们说："没考虑过，由你决定。"

我一夜未眠，就在深思。我想到，中华民族数千年来，以农立国，农业是我们的脊梁支柱。我的家乡无为县是长江沿岸耕作历史最悠久的地区，又是农业经济丰硕的大县之一，经济发展后，"毋忘农"应当是这里文化传承的一个重要方面，是不是可以建造一个农文化广场呢？我把这个想法提出后，得到认可。

那么，怎么来体现农文化呢？今天的青少年和城市居民中，很多人已经不了解过去农民用牲畜耕作，面对黄土背朝天的艰辛和疾苦。我想用形象的方式在广场展现，选取了犁田、插秧、车水、收割、吹谷五个场景，由上海女雕塑家解建陵女士创作五组比真人大一些的农民务农雕塑，沿着广场边缘布置。

光是有这些雕塑我认为还不够，还不够"文化"，这时我的脑海里涌现出唐朝诗人李绅两首诗中的诗句："四海无闲田，农夫犹饿死"和"谁知盘中餐，粒粒皆辛苦"。我想到先民们谱写过大量农务、生产和农民生活的诗歌，我要从这里面吸取营养。于是，我觉得应该抓紧收集文献和古诗，接下来是自己抓紧学习和理解。

这样，我在广场基地的东部，布置了5段2米高的诗词碑，从《诗经》到清代郑板桥的诗里选出26首表达农民喜怒哀乐的诗词镌刻在上面，我也考虑到今天很多人已经不大懂古诗了，我学习参考了好几种版本的《诗经》注评，加上自己的理解，把四言字的歌词，解释成七言民歌风的歌谣，一并刻在碑上，当然，如果有错误责任在我。碑上还镌刻了明朝宋应星撰写的《天工开物》一书中的木刻务农图像。

我在这次规划设计中学到了很多东西，特别是从《诗经》中的《豳风·七月》了解到2000多年前祖先们已经将农业发展成一个体系，与今日的农业大致相仿。广场上当然还设计有其他供市民活动和为市民服务的建筑以及设施，但是我所创造的一些景观有可能成为寄托深厚思想文化内容的载体。

平民情怀面面观

采访者： 戴先生，我想起来了，曾经有一篇介绍您的文章，提到您具有"平民情怀"，从您的创作经历来看，您所接受的项目很多都是经费紧张，投资额有限，而您，还有吴庐生老师总是精打细算，为业主节省费用，但是在质量上、效果上一点也不差，有时还出奇制胜，脱颖而出。虽然很多项目都是甲方慕名而来的，但是整个过程您从来都不是高高在上的，而是始终为业主着想。

戴复东： 我和吴庐生年轻的时候都有过家庭变贫困的经历，改革开放前包括改革开放后一段时间生活也很不富裕，这也养成我们一贯节俭的生活习惯和生活态度，反映在建筑设计和建筑作品的创作上我们也不喜欢铺张浪费，而是想办法为业主节约可以节约的开支，特别是遇到投资金额紧的项目，我们更是动足脑筋，做到既不超预算，东西又好，"普材精用"和"低材高用"是我们常常采用的手段，在这个过程中我们往往可以找到创作活动的趣味和成就感。

采访者： 确实，多花钱谁还不会啊！难的是花钱少，办事多，办好事。能够做到这一点，不光需

同济大学研究生院全景

要水平,还需要能够这样去想问题、去做事情的思想意识。

戴复东:我们搞建筑设计和创作也不是受"钱"的驱动,而是你让我做,我就很高兴,并且想方设法把它做好。"文革"前搞设计是一分钱也没有的。后来别人找我,有些也是没有钱的。

20世纪90年代,我在主持规划设计北京中华民族园认识了一些画家朋友,他们想在河北遵化上关湖水库边上的小岛建造别墅,请我设计。我一共设计了7幢大小不一、有景观特色的二层别墅。房间的主要窗户平面位置呈半圆形,可以180°观景,在里面观景搞创作非常舒服,而我给他们做了后分文未取。

后来遵化市旅游局看到这几幢别墅了,打听到是我设计的,就请我设计遵化市国际饭店。这个宾馆的投资额很有限,但我想要抓住这个机会,所以我自己的一切设计和工作都是免费的,我只对他们说,和我一起做事、画图的学生,你们要给报酬。在这个项目中我也想尽办法做到价廉物美,而先前那些住别墅的画家朋友这时也像我一样,画了一幅很长的风景油画,他们把画免费提供给了宾馆。

采访者:像您这样"盘活资源"的设计师真很少见。高新所都像你这样,就难维持了。

戴复东:他们也是这样说我的,不过,看到自己设计的东西做成功了就很高兴。

中国营造学社的创建人朱启钤先生对弘扬中华民族文化的贡献很大,开创了众多中国第一个事业。在全国政协开会,我认识了朱启钤的孙子朱文榘先生,1999年他邀请我为他祖父设计一个纪念亭。这个亭子经过中共中央和国务院两个办公室的批准,由朱启钤先生海内外亲友集资建造。虽然是一个小建筑,但意义重大,我感到压力很大,也有难度。最后我采用石材,把它做得是亭又似堂,虽小却显示恢弘气度。我是抱着小辈跪拜在朱老先生面前的激动心情进行创作,所以这个设计我也没有收费。很令人感慨的是:这个纪念亭建成后不久,朱文榘先生不幸过世了。

新中国成立65年来,我们的国家取得了翻天覆地的成就,中国土地上再也不是贫穷落后的面貌,在世界上显示出强大、公正、和平、友善的形象,让全民幸福起来,这还是我们"中国梦"的一部分。这里也向我们建筑师指示了光荣的责任,我们还要学习全世界人类(包括外国和中国)所创造过的现代和历史上的一切优秀成果,并努力开动脑筋运用我们的智慧,百家争鸣,百花齐放地为人类创造更安全,更新颖,更美好的生存与生活环境。为人服务得好,这应该永远是我们前进的目标和方向。

(全文节选自《建筑院士访谈录——戴复东》,近期上市,敬请关注。)

郑时龄访谈(节选)

采访者:张振光、杜一鸣

郑时龄

中国著名建筑专家
同济大学教授
中国科学院院士
法国建筑科学院院士

上海印象

采访者:您从小就在上海长大,过去在国内外很多地方工作过,后来定居过上海,请您谈谈对上海的城市变迁的评价。

郑时龄:我是生在四川,1941年那个时候生在四川成都,在抗战胜利之后到的上海,1945年,那个时候已经4岁了。在上海读的小学、中学,然后上的大学,大学毕业以后,1965年我们就到贵州了。那个时候我们单位内迁,就迁到贵州遵义,在这个过程当中,因为原来那个单位还没有完全迁过去,所以经常也会回到上海来。"文化大革命"有一段时间就叫我们回来在上海参加运动,参加"文化大革命"的运动,这一段时间应该和上海保持联系的,然后1978年考研究生回到上海,回到上海之后留校,参与上海的规划、建设。对上海比较熟悉的，我觉得上海这些年的变化非常大，一个是人口的变化，原来小时候我到上海的时候是400万人口，现在已经是2300万人口，是以前的六倍。城市的建成区，1949年的时候上海建成区只有82平方公里，现在城市建成区理论上是600多平方公里，实际上已经是一千多平方公里，可能这个数字还要再大。在这种情况下整个城市的面积变化非常大，人口的变化也非常大，但是有一点还是保持原来的特色，就是上海市的移民人口。到现在为止，我们上海的流动人口是九百多万，差不多要占到1/3多，以前上海也是这样的，基本上都是移民。您很难找到一个三代人都是上海人的，很少有这样的情况。像我虽然在上海，但是我是广东人，出生在成都，那个时候也算是新上海人，现在新上海人更多了，所以上海一直保持这样的特色，在这种情况下上海它的宽容度比较大，包容性比较好。它能够接受各种文化，所以像中国的近代文化能够在上海发展，其实跟这个有一定关系，因为它都是外来人口，它也需要有一种宽容度、包容度。而且上海是把很多的东西经过上海的熔炼之后变成一种有特色的。

比如说以前上海有一百多种地方戏，例如越剧，它在浙江名不见经传，但是到了上海之后它就会慢慢成长，变成一个非常重要的剧种，包括京剧，还有海派京剧，它可以跟北京的京剧相媲美，当然北京的更正宗一点，但在这里演绎成了另一种风格。上海的文化有这个宽容度，而且通过这个把它发展到一种极致，所以上海是近代文化的发源地、近代工业的发源地。中国共产党于1921年成立，也是在上海。中国的近代建筑也是在上海成功的，最早的建筑学会是在上海成立的。所以它有很多新的创造的东西，因为它是一个移民城市，这就产生了一种竞争，非常像意大利的文艺复兴那个时候，百家争鸣、各显神通的那样一种状态。现在有很多建筑师在上海创业，包括一些外国建筑师，但是现在的创业跟那个时候的外国建筑师创业不一样，那个时候这些外国建筑师的作品几乎都是在上海，他就住在上海，只专注于上海的建筑。当时较为典型的建筑师是设计国际饭店的建筑师，前几年我们刚刚帮他做过纪念，他的作品也一直在出版界长盛不衰。他有很多作品，六十多件都是在上海，他在国外没有过作品，他在上海成长。有一些建筑师甚至是抗战时候，日本人占领上海期间也一直在上海工作，甚至在日本的集中营里过世。那时候很多中国的建筑师也是在上海成长的，他们推行中国自己固有建筑的风格与含义，包括像杨廷宝先生他们都有很好的作品，然后从上海以点带面，把新建筑及城市规划的理念传遍全国，直到现在也是如此。

上海滩创造了自己的一种特征。比方说典型的里弄住宅，这是上海的特色，当然天津、宁波也有一些，其他别的城市很少但是有一些，主要是在上海。那个时候是九千多条里弄，它是结合上海的生活方式，在不断创造一种生活方式，像以前大概70%的人都居住在这个里弄里面，这个里弄就是我们今天讲的多功能的融合。上海当时有那种叫夫妻老婆店，24小时都开门，您都可以买到所需的日用品，在里弄里面有办公室，有一些律师事务所，有一些银行，它开在里弄里面，跟里弄是密切的。以前还有老虎灶，大家不烧开水的，都在里面买开水。还有庙宇也在里面，有些学校也在里面，它其实是多功能的综合体，创造了一种生活方式，所以上海在这一方面的创造性是比较强的。上海的近代建筑内涵也是非常丰富的，所以上海在1986年被国务院命名为历史文化名城，很重要的一个原因是因为近代建筑，尽管上海有着更古老的建筑。如果您去豫园，仔细找找就能知道附近有个叫小世界的地方，可能一般人都不注意，那个小世界是一个西洋式的塔楼，但是再相隔没过多远，就是16世纪的古典建筑，非常古典的中式建筑与近代的小洋楼相融合，但大家都没有觉得很突兀，好像都能够融合在这里面。所以上海这个城市以及其中生活的人的接受度也是很高的，能够接受各种新奇的东西，接受看上去似乎不协调的东西，过了一段时间可能就协调了。这样的精神使其成了融汇中西的大城市。

采访者：它比较开放，包容？

郑时龄：对。这个是上海最大的特点，这样也能够鼓励人们创业，鼓励人们在这种竞争社会发挥自己最大的作用，当然上海的这个变化可能最大的变化还是1949年以后，因为以前基本上是消费城市，到新中国成立之后上海变成国家的重工业基地，建造了很多大的工业，汽轮机厂、锅炉厂、重型机器厂。造船厂，就是从前的江南造船厂一直就有，但是那个重型机械的东西是新中国成立以后加进去的，那个时候我们读大学一年级的时候还到闵行重工业的生产基地劳动。

采访者：记得我小时候看过一个纪录片，提到上海的万吨水压机。

郑时龄：对。就是江南造船厂，就是在上海。上海原来就有工业的基础，最早的江南制造局在19世纪60年代成立的，然后变成江南造船厂，还有各种各样的机械，原来就是中国主要的工业基地，新中国成立后大规模地变成重工业的基地，改变了上海原来的产业结构。但当时上海一直没有很好的发展，上海很多经济收入都要上交，一直到改革开放之后才有所改观。在20世纪80年代的时候北京人到上海，往往会觉得上海很破落。一直到80年代后期中央与地方关系的政策调整之后，允许上海自己留一部分，然后上海才慢慢地发展起来。在此之前，上海人的居住状况非常差，曾经有一个沪剧——《七十二家房客》，就描述了居住条件非常差的状况。甚至是前几年上海的居住条件仍然还是比较差的，现在还有很差的情况。我记得1991年的时候上海电视台拍上海的变化，那个时候上海刚刚把南浦大桥造好，那个时候我做建筑设计，他们采访，然后要我带着他们看一些上海的特色，就到了一个叫做四民村的小村子，大概两百平方米不到的一幢房子住了六户人家，厨房里面六个煤气灶、六盏灯。然后到2003年的时候，德国的一家电视台来采访，要去看那个里弄住宅，我带他们去的，还是这一幢房子，已经变成七个煤气灶七盏灯，所以这种状况一直是没有解决的。上海因为过去提倡重生产，生产第一，生活第二，一直很不重视住宅。

在20世纪80年代的时候，人均居住面积仅有四点几平方米，到90年代慢慢开始改观，现在才到十七点几平方米，现在当然有很大的改善，但是还是差别很大，有一些人居住条件好了，但是有相当一部分居住条件很差。包括老的建筑，老的里弄住宅在内，现在大概还有30%的人居住在那里，因为这些建筑具有一定历史价值，所以上海的决策者也很矛盾。一方面宝贵的历史建筑需要保护，另一方面要对这些陈旧的建筑进行拆迁改造。我们研究的解决途径是把里弄住宅分成一级新里弄、一级旧里弄还有二级的旧里弄，二级旧里弄是没有卫生设备的，没有上水也没有下水的那种，条件是比较差的，对其以改造为主。

上海的城市整体轮廓也在这种造城运动中不断长高。新中国刚成立的时候超过8层楼的建筑，全上海不到50幢，到1980年的时候是121幢，当时没有一幢超过一百米的，现在有两万多幢超过24米的建筑。大概有一千幢左右是超过一百米的，从这个数字上可以看得出，这三十年的变化很大。上海建筑的扩张相伴随的，是城市区域不断地扩张。原来城市的人均用地只有八十几个平方米，现在已经变成120多平方米。出现了一种比较松散的、向郊区蔓延的普遍现象。所以上海在2000年的时候开始对郊区的发展有关注，不能盲目地摊大饼式无序扩张。当时上海提出一城九镇，比如规划面积巨大迪士尼乐园，就是城市恰当地扩张的良好表现。另外也表现出了对城市发展可持续性的关注。过去我们只重视市中心区的发展，对郊区是忽视的，郊区的建设根本没有规划，因而也就没有特色。我曾经到上海最西面，跟江苏交界的地方，农民的房子是小青瓦的，然后不知道从哪里买来欧式的罗马柱子与之搭配，但我们也无法苛求，因为农民根本不知道要盖成什么样子的房子。但是从这个时候上海市就注重郊区的发展了，所以这一点是它比较有突出的变化。我们在2003年的时候还专门调查过郊区发展新城的情况，对上海周边应该怎么发展也提出了自己的想法。

我觉得上海这些年从单纯关注市中心的发展，变成市中心的发展与郊区的发展并重，是一个全国各地应该借鉴的政策趋向。过去单边的发展，在发展到黄浦江的江边后，遇到了发展的障碍，其实黄浦江只有400米到600米宽，并不是很宽的一条江，但是它就变成一个障碍，上海就没办法发展。1988年造的南浦大桥是市区第一座跨江的大桥，从这个时候，就是大约1990年时候浦东开发，就使得上海的发展比较平衡一点。上海曾经想过往各个方向发展，城市最早是沿黄浦江和苏州河边发展的，它城市发展不平衡，过去我们叫三方四建，因为参与者有中国方面的，有旧租界的，旧租界分成两面：有闸北的还有老城厢的一块，还有公共租界，整个城市相对来说是分割的。过去东西向交通比较发达，因为租界是从东往西发展，南北交通一直不发达。到20世纪30年代的时候曾经想过发展南北的交通，想避免租界的影响，那个时候搞了一个大上海计划。到50年代的时候又想往闵行这个方向发展，上海的西南面是重工业，60年代在上海的西北面，就是嘉定那个地方想搞个科技城，现在依然还有很多研究所在那里。然后到70年代的后期搞宝钢，就在上海的北面去发展。到了90年代的时候，宏观条件也成熟了，因而黄浦江的发展也提到了日程上来，然后往东发展，现在又往东南面，到林岗，就是靠杭州湾，在东海那个方向去发展。现在又提到了可持续的生态城市发展。所以说上海不论是发展定位，还是地理空间上，一直往不同的方向尝试与发展。

20世纪90年代浦东的发展应该是比较成功的，也带动了整个上海的发展。浦东的成功不仅仅是浦东这一块的发展，而且是因为整个浦西也带动了。我当时提出一个观念因为上海市是再城市化，因为上海现在，您说它城市化的程度差不多89%，农民几乎就是很少，农村人口大概就是几十万，在这种情况下上海要做的其实是提高城市化的品质，而不是把所有农民变成城市居民，我提出了这么一个观念。我说浦东的开发和开放就是再城市化的一个标志，它的再城市化，一个方面是提高城市化的品质，另外一方面就是城市产业结构跟城市空间结构的重组。黄浦江沿岸的变化也是产业结构的重组，带动了黄浦江空间的发展。所以上海在这方面在全国起到了带头作用，因为上海已经早就有了老式城市的基础。我们对此提了一个口号：在城市上建设城市。

有了黄浦江的发展，有了浦东的深度开发之后，就造就了黄浦江成为城市空间核心的地位和作用，也带动了世博会放到这个区域，变成世博会以及整个黄浦江产业结构与空间结构调整的推动力。所以在世博会以后，上海相当长一段时间的重点可能也是沿黄浦江的发展。原来浦东的滨江地带的发展包括世博会地区，包括我们现在叫浅滩的地方，现在要往南面，就是黄浦江上游去的那个方向发展，徐汇区的滨江近期要搞一个媒体港，发展文化产业。另外还有杨浦区，就是黄浦江的下游，这个地方过去是工业基地，也要在这个框架下进行转型。所以我觉得在相当长一段时间，上海可能是走这条路，对黄浦江的发展。当然郊区的城镇发展也还是作为另一个并重的重点。

我们在2003年搞一个郊区发展的调查，那个时候我还是政协委员，我们上海市政协立一个课题就做这个事。那个时候有一个起草调查报告的政协工作人员，谈到我们上海郊区的开发区，几十平方公里，他说太小，像邻省，如浙江、江苏的开发区都是几百平方公里。我却坚定地认为几十平方公里，甚至十几平方公里就已经不小了，新中国成立以前上海才82平方公里的建成区，现在动辄要上百平方公里，其实是有问题的。应该做得更紧凑一点，规划得太大很容易出问题。

采访者：您刚才所讲的包容性，让我想到了我们出版社做的一些工作。我们正在策划一系列的书，已经做好的有两本，一本《上海百年外滩》，还有一本《青岛的德式建筑》，还计划近期做一部关于哈尔滨的俄式建筑，以及厦门的外国建筑的书。当时有人反对说，这都是外国殖民主义者，或者是外国列强侵略中国后留下的痕迹，说就不应该出版。后来我们的编辑问到业内专家罗哲文先生，罗老认为建筑这个东西并不存在阶级性，而是人类科技水平的体现，或者说是人们对生活方式的一些理解与表达，或者说是不同生活方式的一种体现。他认为跟外国列强对中国的侵略不应该联系起来。所以后来我们出版社就出了这几部书。后来我们在拍广东开平碉楼的时候，我发现一个特别有意思的现象，罗老也认可这一说法：开平碉楼的特殊意义在于，它是中国第一次主动地接受外来建筑文化的一个代表。何为主动？罗老解释道，当时开平很穷，当地的人们到南洋打工，挣了钱以后回到祖国，在自己的故土上盖了一些房子，这些房子的图纸是从外国带回来的。水泥、瓦块是本地的。造房子的人又根据当时土匪多、不安全的情况，就搞成碉楼的形式，它的防御性非常强。但碉楼的顶部又搞成了廊柱或者出檐的欧式风格，开平碉楼成功地把欧洲建筑风格给兼容了。本来是外国建筑师设计，但是又加了一些中国特点的形式。我们觉得真挺有意思的一个现象，像这两种方式融合在一起，和上海的城市发展进程一样，也体现出中国文化的包容性。上海的包容性，一方面体现在各地的人到上海来，都能融汇到上海里去。另一方面在文化方面，我觉得国内国外的文化都能在上海融合到一起，我觉得对我们是一个挺好的启发在于：建筑文化这块实际上是否应有一个专门的学科或者说是研究领域？

郑时龄：对，这个我是非常认可的。在前几年上海市一直有政协委员、人大代表提议要把外滩申遗。结果就有一个反对的声音说这是殖民主义者留下来的，不能作为中国的世界文化遗产。我觉得这个思想是不对的。人类文化遗产，像埃及的金字塔，那还是奴隶社会的，您说是不是要摧毁呢？我觉得这个就有点片面。当然它是被资产阶级用了，它是为资产阶级盖的，但它是大家的遗产，这个东西他也带不走，他只能留给这个世界。我一直提倡，也经常这样讲：上海要建设千年上海。意思是上海已经有几千年的历史了，我们要充分地认识和发掘这个历史的深度。我们如果从最早的上海的遗址计算，大概有五千多年的历史。我们常常讲上海只有七百多年历史，是从1291年算起的，那个是元代设立上海县的时候，我们是从官本位的角度来谈这个问题的。实际上在唐代，就是唐玄宗的天宝年间，上海已经有松江那个华庭府，已经有很多人在这儿居住了，因此上海的历史应该追溯得更早一点。其实上海就是这么一个很长历史时期发展起来的，那么更应该要注意今后一千年的发展。我们现在做事情有时候太急，比如一年只应该做十件事情，却非要做一百件。应该做十年的事情，可能一年就做掉了，所以我就说我们要想得长远一点，做的事情都要为以后计，做的事情更扎实些。所以我提了一个建设千年上海的思想，我觉得我们要注意城市的品质。这也是与上海的情况密切结合的一种做法，包括上海的创造性。比如上海的里弄住宅，其实把四合院与欧洲的联排式住宅结合在一起的结果。所以它变成上海一个特色，上海过去这一类的住宅有大概两千多万平方米，现在大概还剩下不到一千万平方米了，这一类里弄住宅，有着强烈的创造性。它也跟生活的方式变化有一定的关系，最早的时候，它是很大的一个宅子，可能有三个开间，当然现在也找不到早期的这种大开间住宅，大户人家住这个，后来随着人口的增多而变小，到后来变成很多个开间了，它跟人们生活方式的变化有关。

规划浦东

采访者：浦东新区是中国城市开发区中的翘楚和样板。您对浦东开发区整体的规划有什么评价？

郑时龄：浦东我参与过一些讨论，但在真正规划的时候，并没有广泛征求意见，就征求了领导的意见。本来是应该召开专家的讨论，所以到现在你如果去问他一些为什么，比如为何规划了世纪大道这么一条斜的大道，就会被推到别人身上。也不是推给领导，往往是推了一个专家，而专家也否认是他的意见。他或许会说我当时提的是一种虚轴，不是最后的那个样子。

另外，当时的思想肯定有一定的局限性，在1993年做浦东中央商务区的规划设计时，除了上海规划院的方案，还有四家外国单位的方案。四家外国的就包括罗杰斯的那个方案，罗杰斯的那个设计是圆的，这个地方的地形正好是弯的，所以它那个是非常好的方案。它跟地形结合，然后分成组团，依靠交通再放射出去。还有一个法国佩罗的方案，就是做巴黎图书馆的佩罗的方案。它那个方案变化比较多一点，还有日本的方案，它是很规则的，当然地形也有点不是很吻合，但是它是方方正正的做法。还有意大利的方案，它的方案就是一团，空中跨过去。上海规划院的方案相对说缺少这种逻辑思路的东西，就是完全按照配合功能、地块划分这样子做，当时的模型也是非常糟糕的。

当时我是比较赞成罗杰斯的方案，后来别人认为它是形式主义，另外我们自己国内那个时候还没有完全想要外国人的方案，不像现在，现在一定是希望选外国人的方案，不是选自己的方案。所以那个时候就有规划院，尤其是规划的东西有一个程序，有法律依据的，所以就由规划院去做，那么规划院就变，把那些东西做出后来这么个样子，由各种因素形成的。它那个东西交通是有问题的，本来是希望从地下做一个立体的交通体系，也去外国考察过，但是我们没有做到这样立体交通的大环境。另外一个问题是，当初规划的超高层建筑，地理位置有点问题，它太靠近江边了，它的交通反而有麻烦。地下隧道一出来马上就到它那里，立交桥反而过了，要绕回来。其实应该稍微远一点。包括有一些像国际会议中心这些都要反过来交通。超高层当初是规划了三个，都是三百多米，在实施过程中当中都拔高了，金茂变成421米，环球金融中心变成492米，拔高了之后跟金茂大厦的关系不好，本来它那个洞正好是金茂大厦的尖在里面的，现在这个关系不好。现在造的上海中心我们觉得应该是三个建筑中最矮的，它的地块也是最小的一个，但是它偏要造最高，本来三个建筑规划一共是六十几万平方米，现在单单这个上海中心就是六十几万平方米，所以对这个地方的交通带来一些影响。

当初做规划的时候曾经考虑过需要有一个二层平台的连接，所以那个时候都留了一个接口，现在开始慢慢实施，做了连接的东西，现在已经基本完成了。浦东当初做规划的时候只考虑了单一的功能，是以办公为主的，后来慢慢才发现应该增加一些辅助功能。我们在1998年谈城市发展的时候，我举了波兰的波茨坦广场的例子，我说要多功能，就应该增加一些娱乐的，商业的包括居住的功能。后来慢慢调整过一些，增加了一些多功能的因素。但是这里面也带来一些问题，就是说它的想法可能是好的，但是在实施的过程中有一些问题，比如说最初规划的建筑比较矮，后来再一点点拔高，那就带来一个问题就是太单一，都是这种小矮人模式，四个小矮人，七个小矮人，都是这样的模式。后来在做的过程当中，因为最早的高度都比较低，后来都拔高，我们也参加过很多的讨论，说这栋建筑要拔高了，原来100米现在变成150米，问我们专家同意不同意，我那个时候就觉得不能这样一栋栋建筑地考虑，应该整体来考虑是不是要增加，整体是可以增加，但是哪个增加，哪个不增加，还是应该有个度，要有个平衡，不能来一个您弄一个。有时候也批评，我说上海的建筑是一点点磨出来的，上海人过去说吃泥萝卜，吃一段洗一段，我觉得上海这个就是这么个方式造城的。

采访者：不止一个城市是这样的。

郑时龄：对。几乎所有的城市都是这样子。我们批评浦东的建筑，我们觉得太像个建筑动物园，每个建筑都要有自己的个性，但是总的来说是否协调，虽然看惯了也可以的，就像上海老的建筑和新的混在一起，大家看惯了也可以了。但是总体上还要有一些控制，比如说我批评意见最多的就是平安金融大厦，就在东方明珠电视塔附近有一个170米高的拱顶，下面立面有一千根罗马柱的那个。那个建筑在2003年评审的时候我是组长，当初有三个方案，一个是英国的，当初这家单位请我去评审，因为主持这件事情的人跟我很熟悉，他请我帮他做顾问，后来叫我当组长。他拟任务书的时候我就指出他的问题，他一定要搞古典式，我说您应该改变，这个是不可以的，因为他是普通工作人员，他说上面坚持要这样。当初他也请过SOM等著名建筑事务所，他们就提出任务书不改就不做，于是业主单位就拒绝了他们，到最后就是三家方案，有一个方案做得是有一点后现代风格的，有一点古典的比例，但是新颖度有一点吸引人，应该还可以的。华东建筑设计院做的方案比较夸张，因为他们要古典式，因而不合章法的很多，各种各样的古典元素都堆到高层建筑上去。有那么一个方案呢，做得其实还是比较好的，抓住中世纪以来的古典主义，毕竟任务书是这么要求的，中世纪没有什么新古典主义，于是就做了一个平面方方正正的，然后立面上加了一些小的柱头，表示是哥特式的，中世纪以来的。

我们当初评审的时候就表示，只要把这些柱头拿掉这个建筑就是可以的，功能也是非常好的，就选了它。后来又找到我们时，就成了这样子了，后来拿出来审查时我们就反对，我特别反对这个方案。我在2004年初上海的领导干部的报告会上，在市长、副市长都在情况下，我就说这个建筑，如果让它造好了，上海的建筑就倒退两百年。没想到弄到后来，到2009年又再拿出来修改，原来是做一个铜的顶，改成一个玻璃顶，方案立面又增加了很多柱子。我那个时候写信给市长，我说这个建筑不能这样搞，破坏整个浦东的形象，他可能因为这家业主单位太强势，另外上海又希望成为金融中心，本来是说平安银行的总部要搬到上海来，所以上海就纵容他。他们查下来，当初没有一个专家是同意这个方案的，但是这个楼就硬是造起来了。还有个规划上更大的破坏，当初为了这个企业能进驻上海，还把两个地块并成一个地块，就希望它能过来。这就是上海的故事，有时候我们讲了也没有用。

世纪公园那一块的规划还可以，因为需要一个比较大的绿化，当初它也是有点像纽约的中央公园那样做一块园林。

采访者：当时我听说留那块地也是很艰难的，好多人想把那块地给要了。

郑时龄：对。这个公园所占的地段非常好。从那儿环顾四周，或是从四周环顾公园，都是很好的。20世纪80年代曾经有过讨论，到底是高层低密度，还是多层高密度，那个时候占上风是高层低密度，觉得高层建筑周围可以有多少绿化，但是这样的规划设计，在各个城市，到后来其实普遍是高层高密度了。这样反而在整体上对城市是一个破坏。

采访者：在这些建筑建造的过程中，有什么鲜为人知的故事，您给读者讲讲？

郑时龄：我曾经参加过环球金融中心好几轮的审查，最早是1993年的时候，我那个时候审查它的消防，前后共审查过28次。这个楼的楼梯没有做消防。因为做过实验，这个地方因为气流正压，就不可能烧起来。很多人都不赞成，因为没这么搞过。但我认为要尊重科学，而不是死板教条，所以就没有按照规范的要求做防火。我们的高层建筑规范出炉的时候，当时的建筑都在200米以下，死板地用这个规范套400多米甚至更高的建筑肯定不合适，包括电梯的速度等这种东西，都是不靠谱的。

这个大楼因为经济危机，1998年就停工了，到2003年又开工，这个楼的顶部有个圆洞，这个楼恰好是日本人投资的，美国建筑师画的效果图，正好画的是黄昏时候的场景，这个楼顶部的结构就形成了血红的太阳的画面。这就导致很多人提意见，说这个是日本的阴谋，不可以这样做。于是相关部门来找我们，希望我们表态。我认为虽然不能够用非建筑的语言来衡量它，但是建筑并不仅仅代表了建筑本身，而是要综合各种客观环境。于是就希望它能够调整。后来架了两个桥也就通过了。后来相关部门要求把顶削平，让直升机可以停在那里，以救火灾，毕竟这个高度救火车无能为力。我们说这个不合适，因为真的失火的时候，飞机是靠不上去的，因为有强大且紊乱的气流。2003年的时候再开工又有人提问题，说加了一个横更像"日"字，那么怎么办呢？后来相关部门让我再组织一次消防审查，就要把这个圆给弄掉。那个时候有11个全国各地来的专家，包括四川的消防研究所，公安部也来人，我主持审查。当时我们后来怎么去否定它呢？楼的圆圈里有个大转轮，这个大转轮里面还有桥厢，实际上看不到外面的，隔着玻璃，隔着构架实际上没有什么意义的。另外，这个圆圈的消防确实有问题，失火的时候，上面的人要下来要走十层楼梯，没有直接电梯，消防人员也上不去下不来的，而且这个楼梯有人上，有人下肯定是有问题的。另外，要消防人员把最后一个人救出来要48分钟，就是失火开始他去救，到把最后一个人救下来要48分钟，我们说没有谁会用48分钟去等的，对心脏病患者、老人、小孩这个都是有严重问题的。所以从消防上面给它否定。然后日本人也知道我们对他这个有意见，然后美国建筑师又是很商业化，他说现改成方的比原来的还好，就做了这么一个方的框子，后来大家就接受了，就这样造起来了。其实圆是比较更完形一点，如果采用别的措施原来的桥还是可以的，不一定要那么政治化地看待这个东西，圆也不一定就代表日本。建筑不能拘泥于符号化的理解。比如我们前年年底讨论北京新机场的航站楼，有一家方案做了两个五角星，那个机场正好是在北京的中轴线一直延伸下去，他就结合您中国的需要做了两个五角星，是正五角星，我提了一个意见我说五角星也不能是指中国的，美国就是五角星，越南、朝鲜、马来西亚也是，您不能说五角星就是中国的，而且这个太形式主义，候机楼那个尖到最后疏散都是有问题的，当然他改了一下，到五角星的边上，再放宽一点做，否定功能上有问题，但是您不能那么形式主义，我觉得这种东西不要太过于符号化。上海还有一些类似此类的问题。

世博后说

采访者：您在世博会当中，就是上海提出了这个主题是城市要生活更美好的理念，您从建筑师的角度谈谈这个理念是怎么形成的。也从策划者的角度给我们讲讲上海的这次世博会。

郑时龄：因为申报世博会非常重要的一个是主题，还有一个是场地。那么这两个是它衡量申办能力的重要环节。上海在筹备这个过程当中，甚至在一开始的时候就提这个说法，它是经过很多人征求意见的。从1999年市委市政府就决议要申办世博会了，最早追溯到1992年的时候，就想过要搞世博会，所以在浦东还留出一小块地方做世博会，后来总体规划的时候留了两平方公里，但是那个场地太小。这次申报是从1999年开始决定,决定承办后就在探讨主题,揣测组委会最终会选择哪个城市。选择这个主题的一个原因是因为,到2007年整个世界的人口一半以上是在城市里面,是城市发展的一个里程碑,所以说结合这样一个形式提出来,城市让生活更美好。

那另外一个方面,也有一点因素就是觉得我们中国要拿什么东西展示给人家呢?世博会的申办报告是先写英文再写中文,但是实际上是先写中文,然后再翻译成英文,这样更容易产生意思上的偏差。所以我们后来在主题演绎的过程当中,一直强调城市不能主动让生活更美好,只有更美好的城市才能让生活更美好,这是非常重要的。因为城市有很多的问题,我在那个主题演绎的时候写了一个报告,里面也谈道:有人说城市是那种把人碾成粉碎的磨盘,有着犯罪率高、环境污染、住房紧张、交通拥堵等问题。

城市当然有好的地方,城市让文化能够发展,城市是整个人类进步的主要载体等,所以我觉得应该全面来衡量,扬长避短,才能说城市让生活更美好,所以说在世博会主题演绎的过程当中,我们也审查各个省市提过来的方案、展示、陈述、思想表达。我们就非常强调:这个不是成就展。应该把你们对城市发展的那种理念,把城市的特色展示出来。有不少地方拿出来的是成就展,有些省市拿出来的东西,表述我发展得有多么好,这个其实不对。要探讨未来的城市理念。所以我觉得这次世博会也是蛮好的,各个国家它有各种的演绎,这样大规模的文化交流,在中国应该说还是第一次。

以前虽然有一些各种各样的展会,但都是局部的,很小的。这次来的人很多,7300多万人。我每次都在早上还没有正式开门的时候进去,因为我们工作人员可以先进去,我就在那儿观察,有的时候也拍照,我看到有一些人可能从来没有出国,有一些从国内农村来的,他对一些国家,比如澳大利亚,或者说有一些小的国家,他从来都没有听过的,但是他会根据地图找这个馆去看,我觉得这种影响还是非常之大的。有一些国家重点展示的理念,包括用它的建筑,里面展示的东西很重视理念。有一些国家可能就展出它的文化,还有一些国家展出土特产,以及富有其特点的东西,这个也是蛮普遍的。

我觉得对比下来,有一些国家馆很重视在会议期间的交流,很多馆里面设了报告厅,经常举办论坛和讨论会,甚至有些很小的馆中都有这么一个。而反过来我们中国主题馆,那么大的馆,并没有这种报告厅。我们院士和别的各种报告只能在外面进行。我做了两场报告,分别是第一场和最后一场。还有全市的各个区县都做过世博会的论坛,我也做了好几场,那个时候还到各地去宣传,像到吉林、浙江、陕西等很多省市去宣传世博会。我甚至还到监狱里面去宣传过,那是上海市科协组织的,向囚犯解释世博会。世博会就是要把这个理念告诉大家,就是说这个城市要看大家共同努力,才能把它变好,然后才能使我们的生活更美好。

采访者:这个口号叫得的确比较响亮,当时在北京也到处都是这个口号。我们当时也有一种担心,这么多的人,这么大的压力。当时电视上经常讲每天的入园人数是多少人,每天交通量有多大,我想这里边安全问题、运输问题、住宿问题还有参观游览的问题太多了,顺利地做下来真的挺难的。

郑时龄:对,很不容易,交通方面主要是靠公共交通,上海有个优势,在于比北京更早一点认识到了地铁的重要性,所以上海比较早地发展地铁交通。所以这次世博会期间,它其实有4条地铁线可以进去。除了地铁,还有专用交通,就是专线的大巴、中巴,以及旅行社的大巴。一个停车场停上千辆的大巴,那是很难的,因为夏天又热,统统挤在一起,哪一个车失火,就可能全部遭殃。没有出事是很不容易的。当然也有一些管理的不足,比如说过度的管理这种情况也有，我们也看到了，但是往往没有办法纠正。

采访者：前一阶段关于世博会，谈得比较多的是后世博的事情。我们在巴黎看到它的世博会遗存都得到了很好的展示，包括埃菲尔铁塔、大小皇宫，现在还在用。现在大小皇宫还是做展厅。那么上海的后世博会，是已经有了规划，按照规划上来说要做成什么样呢，还是说摸着石头过河，边走边弄？

郑时龄：世博会在作规划的时候，就提出了一个思想，说是要按照它后续的运作规划，但是这个过程当中都没有能够做到这一点。世博会以后，就开始做这个后续利用的规划了，做过好几轮方案，也搞过一些国际招标，最后上海规划院提出的方案得到一致认可，基本上浦东的这块还是以商务会展为主。有一些留作备用的，西片区这块有一些保留的馆，世博轴以及一轴四馆，那个地方是商务和会展，因为原来没有酒店，现在正在建一个酒店，然后是商务区。

然后其他企业馆的部分，将来作为博物馆和文化功能使用，已经规划了一些博物馆。像原来通用的汽车馆，现在已经改成了儿童博物馆，原来的城市未来馆现在改成了当代艺术馆，已经在对外展出了，那个地方现在没有形成气候，要等到一大批建筑慢慢地建成才好，现在在建设过程当中。

采访者：我们出版社对这方面很重视，这方面的出版物追得比较紧，想出这个方面的书。奥运会或者亚运会等等，跟这个世博会也一样，有着一系列的问题。为了亚运会和奥运会，盖了很多运动员的村，是按照住宅盖的，结束以后出售，就是利用得比较好。但是体育场这块，利用不怎么样，很萧条，包括国外，我去看过巴塞罗那奥运会的会址，也是这样。

郑时龄：的确是有这个问题，那么多的场馆，包括北京奥运会场馆有很多，可能没有利用好。

采访者："水立方"好一点，但是"鸟巢"冬天冷夏天热，还得要好好想想办法才可能搞得好一点。

郑时龄：要花很多的钱维护，还得养很多的人。世博会有一个好处，它有很多都是临时馆，半年后都拆了，拆了之后土地可以再利用，但这样也是蛮浪费的，从生态环保的角度来讲，会制造很多建筑垃圾。那么有一些国家就会做得更好，比如挪威馆就可以拆了搬到别的地方去。有一些馆本来说是临时的，但是因为做得比较好，我们觉得要保留下来。比如说像王澍设计的一个馆，那个位置的建筑本来是要拆掉，变成商务楼的，我们现在要求那个商务楼要尊重这个建筑，要把它留出来，因为如果拆这个建筑，负面影响会很大，所以现在正在协调这个事。

（全文节选自《建筑院士访谈录——郑时龄》，近期上市，敬请关注。）

地域性与现代建筑设计

郭明卓
（中国工程设计大师）

除了被"文化大革命"耽误的十年，我的建筑师生涯是和祖国的改革开放基本重合的。三十多年来，我国建筑师打破了多年的思想枷锁，开阔了全球视野，逐步融入世界建筑发展的潮流，设计水平有很大的提高，也出现了一些优秀的建筑师和有影响力的作品。但由于国家的文化和软实力严重滞后于经济军事等硬实力的快速发展，在城市建设中，决策者和市民乃至媒体对建筑的认识和欣赏水平有所欠缺，一些制度存在缺陷，使建筑设计过分追求视觉的冲击，跟风、模仿的做法盛行。城市面貌失去了自身的特点，千城一面，一些怪异、低俗、过度设计的建筑也出现了。

创新是建筑师的毕生追求，但建筑师毕竟不是画家和雕塑家，不能像他们那样随意创作、孤芳自赏。建筑师的作品为社会服务，耗费大量的社会资源，建筑师必须对社会负责，他只能在建筑功能合理、节约用地、节约能源、节约材料、节约造价、保证安全等条件制约下，恰当地、巧妙地在形式上有限度地表达自己的审美情趣来进行创新。有人会问，照你这么说，建筑创作有这么多的制约，是否无路可走？不，我的看法是乐观的，因为我认为，建筑存在无数的可能性，顺着任何一种可能性朝前走，建筑师都可以做出一个不同的方案来。发现并研究不同的可能性，作出合理的选择，是建筑创作的第一步。

一、建筑的可能性

建筑为人提供空间，满足生活、生产和社会活动的要求。对功能的不同对策，构筑空间的不同技术手段，对不同环境的适应，对不同文化历史的尊重，不同时代、不同风格的审美情趣和不同业主的共识……正由于有这么多"不同"，从原点出发，建筑才有众多的可能性。建筑师在处理任何一个建筑设计个案时，会根据自己的设计理念和各种条件，选择和发展其中一种或多种可能性。因此建筑设计的答案不是唯一的，是不分对错的。不同方案的形式是多样的，彼此不同的。下面列举一些常见的可能性。

1. 在现代化的建筑语境中，建筑的新颖和现代化是建筑师首先考虑的，迎合了人们对现代化的憧憬和追求。广州的新中轴线上的摩天大楼，我自己在20世纪90年代设计的广州天河城广场，新近落成的太古汇，都是建筑师紧跟世界潮流、追求建筑"现代感"的作品，营造了广州作为国际大都市的形象。

2. 在商业竞争的社会里，如何在林立的高楼中突出自己往往是建筑师设计的出发点。采用与周边建筑不同建筑风格是常用的，也是最有效的办法。

3. 标志性是多数有条件的公共建筑设计的目标。但过分追求形式的奇异，往往使建筑师误入歧

（陈中 摄）

途。厦门国贸大厦利用两座板式办公楼顶部连接，自然形成一个大门的形象，正对翔安海底隧道的出口，隐喻海峡两岸联系之大门，效果较好。但如鸟巢，编织立面钢构件尺度巨大，内部空间阴暗压抑，用材和造价是普通体育场的几倍；央视大楼上部悬挑75m的造型挑战结构极限，总造价达100多亿；广州大剧院的巨石造型结构非常复杂，造价很高。这类"烧钱"建筑在我国各大城市屡见不鲜，值得反思。

4. 建筑的技术进步，特别是新型结构是建筑造型的重要元素。广州体育馆采用新型的索桁结构，在透光屋面的照射下，效果可媲美约翰逊设计的"水晶教堂"。西班牙巴伦西亚科学城新型结构与高迪的造型手法结合，有高雅的韵律感。

5. 当今席卷世界的绿色建筑、低碳减排的潮流对建筑设计的影响。广州发展中心大厦为正方形平

（陈中 摄）

（郭明卓 摄）

（陈中 摄）

（陈中 摄）

（来源于网络）

二、地域性是基于现代建筑设计理性思维的逻辑性而产生的一种可能性，反映出不同地域特有的内部和外部条件对建筑的影响

1. 不同地域的生活方式和使用功能的影响。同样是官僚贵族的府邸，苏州留园和爱尔兰某侯爵庄园是如此不同，前者用建筑围合空间景观，布局自由，讲究空间组合、渗透和意境，反映出低调、含蓄内敛的民族文化特点；而后者为单幢雄伟宫殿式建筑，广阔的花园围绕建筑，强调轴线和几何形，反映出西方文化高调、张扬、开放的特征。

2. 不同地域的自然条件特别是气候条件的影响。我在20世纪80年代设计广州天河体育中心时，

（郭明卓 摄）

（来源于网络）

面，上部收为工字形，由于采用了两层一组的电动遮阳板，由电脑控制自动追踪太阳角度，节能效果显著，外形也因此颇具特色。万科总部大楼也因采用架空支柱层融入环境和水平遮阳板外墙处理而很有岭南建筑特色。

6. 地域性。这是一种很重要的可能性，下面展开谈一下。

（来源于网络）

（陈中 摄）

（来源于网络）

（陈中 摄）

（陈中 摄）

（陈绍礼 摄）

（来源于网络）

考虑广州气候特点，在体育馆和体育场设计中采用了敞开的观众休息平台和休息廊，既节约造价又以显露结构的大型构件来表现体育建筑的个性。三亚文华东方酒店采用敞开的大堂和餐厅，也反映了气候条件对建筑的影响。

3. 不同地域的特殊地形条件的影响。 我在20世纪80年代设计的东莞市政府办公楼，地块狭小，又要保留中央两棵大树，因此采用内庭院布局，并将两翼层层退级，使造型很有特点。武夷山庄利用地形依山而建，也是成功的案例。

4. 不同地域历史人文环境条件的影响。 上海金茂大厦和马来西亚双子塔，都反映了建筑师对建筑所在地的历史文化的尊重。冯纪忠先生的上海方

（来源于网络）

塔园何陋轩,现代空间结构却用竹材制作,上盖茅草,形成敞开的空间;林中石砌甬道和花格青砖围墙,表现了浓厚的江南人文特征。王澍先生的中国美院象山分校,是在现代的建筑布局和造型的白纸上,用青瓦竹材等原生态材料绘就的一张文人画,表现了江南文化的书卷气和浪漫情怀。

（来源于网络）

（来源于网络）

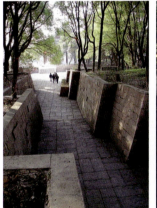
（来源于网络）

（来源于网络）

（郭明卓 摄）

（郭明卓 摄）

（郭明卓 摄）

三、在特定设计条件下,地域性是建筑创作的一条成功之路

除了上面谈到的一些例子外,大半个世纪以来岭南建筑的发展也说明了这一点。夏昌世、陈伯齐、佘畯南、莫伯治、郭怡昌、何镜堂等建筑大师正是运用"地域性"的设计理念,创作出不朽的岭南建筑艺术精品。在何镜堂院士的理论中,"地域性"是指导设计的"两观三性"之一。

夏昌世、陈伯齐教授,20世纪40年代从欧洲带回了现代建筑的先进理念,用以解决岭南气候炎热所带来的通风、遮阳、隔热等问题,50年代的一些大学校舍,是他们的成功之作。60年代,佘畯南设计的广州友谊剧院,粗材精做,采用开敞的观众休息廊和庭院,在国内有巨大影响。莫伯治把现代的建筑形式和传统岭南园林空间组织手法相结合,创造出新岭南园林建筑,令人耳目一新。改革开放后,这两位大师又携手合作,设计了广州白天鹅宾馆,建筑造型简洁,矗立在广州白鹅潭畔。中庭的园林设计用"故乡水"点题,令当年的归国华侨热泪盈眶。何镜堂设计的华南理工大学邵逸夫人文馆,体现了简洁、轻巧、通透的现代岭南建筑特色。

四、我近年的建筑创作,一些有条件的项目也在研究和运用"地域性"这一可能性,特别是使建筑融入当地的自然环境和人文环境方面,有些心得,举几个案例与大家分享

1. 毛泽东遗物馆:通过T字形两轴线组织院落,交点庭院中做序厅,顶为水池和缅怀广场。以青砖、钢结构和现代材料演绎的坡顶、马头墙,有浓重的湖南乡土味,以此表达对本是农民儿子的领袖的缅怀。

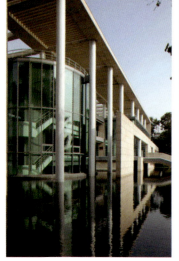
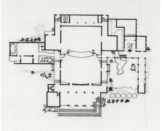

(来源于网络)

(陈中 摄)

2. 南越王宫博物馆：建筑位于广州市中心闹市区，建筑的布局结合了古代和现代的城市肌理，层叠的现代建筑体形和红砂岩表现历史的沉淀和厚重。遗址的处理和展示在向市民诉说城市的历史，同时又为拥挤的城市提供了宝贵的绿化空间。

3. 西樵山三湖书院：位于西樵山景区之内，自然环境和人文环境极佳。设计原貌复建了三湖书院建筑和整合用地内原有的巨石摩崖石刻等景观供游

人参观。主体建筑岭南文化研究院为三进院落,利用塔形的交通核心和天桥连廊将山坡上不同标高的几栋会议室连接起来,建筑设计用现代结构和材料来演绎传统风景园林建筑的神韵,并与三湖书院协调。

4. 西樵"官山人家"城市设计:历史上西樵山脚下的官山古镇,人文荟萃,繁华富庶,现已建设成现代城区。设计深入研究了中国古镇的肌理和自

然环境的关系，在适应现代商业旅游发展要求的前提下，在吉水涌两岸，按照古镇的肌理合理地布置街巷和桥梁，决定空间和建筑的尺度及形态，重现古代官山镇的传统商业和文化氛围。个体建筑设计用现代结构材料和原生态建筑材料结合来演绎传统或现代的建筑形式，注重神似和内涵。

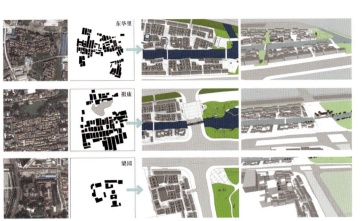

我国养老建筑设计实践
——新疆大湾·金色阳光健康养老社区

孟建民　唐大为

深圳市建筑设计研究总院有限公司

主创建筑师：孟建民　唐大为
项目负责人：张一莉
项目前期策划：新疆大湾房产（集团）有限公司
　　　　　　　李利涛　张骥
方案设计团队：秦超　包晓静　徐才龙　赵志峰
　　　　　　　建筑策划与工程设计所

主要经济指标
总用地面积：349477m²
总建筑面积：135000 m²
建筑密度：19.21%
停车位：791个
绿化率：37.58%
工程地点：新疆维吾尔自治区哈密市

彩色总图

一、项目背景

2000年我国有1.3亿60岁以上的老人，占到全国总人口的10.7%，其中65岁以上达0.95亿人。到2025年，60岁以上人口预计达到2.78亿，人口开始出现倒金字塔结构，我国成为老年型国家，到2030年老年人将达3亿，出现老龄化高潮。

由于我国社会保障体系还不完善，我们可能会面临"未富先老"的境况，在这种日趋严峻的形势下，国家出台了各种政策刺激养老产业的发展，而养老产业也成了"服务于夕阳人群的朝阳产业"。

为了响应国家号召，服务农场职工，金色阳光健康养老社区项目应运而生。项目位于新疆哈密市红星二场场域东南侧，东临延安南路，南靠前进路，用地呈规则矩形，场地内无明显高差，总用地面积约35hm²，总建筑面积13.5万m²。

二、规划设计

1. 空间结构

"一轴、两心、三片区"

"一轴"——形态优美的景观轴线贯穿南北两块用地，通过建筑与景观的交替穿插、相互映衬，将两块用地有机地结合在一起，同时使景观资源得以共享。

"两心"——在社区与城市交接的关键节点进行大尺度退线，营造城市广场，为老人们创造节日集会、休闲聚集活动场地，展现哈密的开敞、宜人、亲民形象。

"三片区"——充分考虑配套服务设施与居住建筑的有效沟通，在用地南侧集中设置空间组织以外向型为主的公建，同时在南北两块用地的中间设计有老年活动及商业片区，为居住片区提供有效服

总体鸟瞰图

务覆盖半径。

2. 功能布局

沿主要城市道路设计老年度假酒店、老年洗浴游泳中心、银龄公寓、老年大学，这一公建组团的丰富建筑形态为整个社区提供了良好的形象展示面。同时集中复合型的服务功能组团，有效避免分散型对住宅区带来的干扰。沿规划轴线有机组织各个住宅组团，通过老年活动场地实现组团间的互动与联系。沿中间城市道路两侧设计沿街商业、老年活动中心，将两块用地紧密联系在一起。幼儿园设置于用地东北角，将服务半径覆盖到北侧已建小区。

3. 交通组织

我们的交通规划概念中最重要的一条是人流与车流尽量分开，形成各自的独立系统，人行流线主要行进在组团内部，由住宅后院进出，车流则通过组团外部干道进入前院，与人行流线分开。

小区出入口沿次要城市道路设置，在出入口区

夜景效果图

金色阳光花园小区入口效果图

域进行大进深退线处理形成入口广场，减小城市交通压力。

所有公建出入口均直接开向城市道路，不与住宅流线交叉，同时前瞻性设计有大面积停车位，避免将来业态发展带来的停车压力。

幼儿园的出入口考虑家长接送，退线留有接送广场，使接送人流避开城市交通流线，提高幼儿安全系数，舒缓局部拥堵压力。

4. 景观环境

采用组团式园林布局，结合当地不同树种设置不同主题，为老年人营造丰富的绿化空间，让住户无时无刻都可感受到诗意的栖居。关注老年人的室外活动，结合小区内的道路，将各个活动场地连接在一起，形成丰富多变的健康养生活动路径。

5. 建筑造型

建筑立面风格填补城市空缺，采用稳重典雅的托斯卡纳风格，采取更为质朴温暖的色彩，使建筑外立面色彩明快，既醒目又不过分张扬，且采用柔和的特殊涂料，不产生反射光，不会晃眼，体现对老年人视觉视距的关怀。

三、建筑设计

在建筑单体设计上，从住宅高度、门、地面、厨卫、房间五个方面全方位执行无障碍设计，以适应老年人记忆力、感知力、身体机能的退化现象。

1. 金色海岸游泳中心

位于用地南侧，结合老年人生活习性组织内部功能，集老年洗浴、游泳、按摩、自助餐饮、健身娱乐于一体，同时根据哈密市场需求设有室内8道游泳池，总建筑面积8000m²。

2. 金色海岸温泉度假酒店

位于用地东南角，设计有60套标准客房，紧邻老年洗浴游泳中心，以大型会议、餐饮、住宿功能为主，与洗浴功能组成完整消费链，可供度假、举办养生讲座、进行棋琴书画展交流等，还设有健康体检中心。

3. 金色年华老年公寓

在南侧入口西侧设计有210套老年公寓，结合当地气候条件通过连廊将5个单元围合串联，使住户在恶劣天气也可以不下楼进行平层活动，每个单元设有护士站，可通过智能弱电系统对每个住户进行健康监测，户内设紧急呼叫，在发生紧急突发状况时实现第一时间救护。

4. 老年大学

在用地西南角设计有老年大学，通过连廊与老年公寓相接，为老年人提供大型室内学习活动场所。一楼设有兵团居住博物馆，通过对地窝子、土木结构的平房等前几代住房的还原，弥补农场人对原有建筑的记忆缺失，进一步展现农场人开拓、创新、进取的人文传统，同时也是政界、企业界等各界精英为哈密的发展、为改善职工居住条件作出突出贡献的历史见证。

金色海岸温泉度假酒店效果图

联排住宅效果图1

联排住宅效果图2

金色摇篮双语幼儿园效果图

联排住宅效果图3

5. 老年活动、商业中心

在南北两块用地中间,大尺度退线形成活动广场,集中商业及底层商业以更有效的服务半径为南北两侧住户提供社区服务、物业管理、老年活动、商业消费等。总建筑面积约10000m^2。

6. 公租房

结合南北地块入口两侧设计有96套50m^2以下公租房,流线靠近小区出入口,方便较高居住密度住户的进出,同时可避免穿行内部社区影响其他住户。

7. 联排住宅

住宅户型设计考虑团场职工生活习惯,分别设有前院和后院,满足农具摆放、车辆停放、室外活动需求,所有户型布局紧凑、功能合理、方正实用、动静分区明确。主要功能房间均有良好的日照及景观朝向,开窗见景。

A区共设计有400套联排住宅,其中130m^2的户型有148套,160m^2的有149套,各占总户数的40%;180m^2和215m^2的户型分别为83套及20套,占总户数20%。

8. 金色摇篮双语幼儿园

将9班幼儿园设计于东北角,满足社区需求的同时可将北侧已建小区纳入服务半径。设置独立接送区域,避免接送人群影响城市交通。错动的布局可以更加有效地分割活动场地并展现丰富的建筑造型,与南侧公建组团呼应,为社区提供北侧形象展示面。距住宅区道路75m处开口,并退出疏散广场,便于接送孩子。

结语

哈密是一座享誉古今、丝绸之路的重要门户,是一片孕育革命、爱党拥党的红色土地。我们希望"金色阳光健康养老社区项目",能够成为全国养老产业示范项目、哈密产业升级轴心项目、哈密城市形象核心项目、哈密生态科技样本项目。其必将翻开新疆养老产业的新篇章!

大漠绿洲,兰州新地标
——兰州新区综合服务中心创作心得

吴超
深圳市建筑设计研究总院有限公司
城市建筑与环境设计研究院

工程概况

兰州新区综合服务中心项目位于兰州新区城市核心,是兰州新区的门户和窗口。项目选址在新区东南方,占地28.2万m²,是以行政办公为主,融会议接待、大型展览、市政服务等于一体的综合服务中心。建筑总建筑面积14.4万m²,其中地上部分11.1万m²,地下部分3.3万m²。建筑由约80m高的主塔楼和约23m高的两侧裙楼组成。

主创设计师：沈晓恒

设计团队：吴超　陈晖　马杰　熊欣　肖莉雯

设计时间：2010年

施工时间：2011年

工程地点：甘肃省兰州市

设计概念

项目设计目标为塑造现代时尚、多样化的现代都市中心区；利用引入大秦滨水岸线，建设"大漠绿洲"，打造兰州新区城市地标；提供便捷交通系统，以提高土地利用价值，并促进经济和社会发展；强调生态环境，提高环境质量与生活品质，增强滨水地区的活力；寻求可持续发展模式，满足兰州新区分期建设的需求。

兰州新区综合服务中心的总平面布局呈"工"字形，通过中轴对称、水平舒展的平面格局，营造"现代、庄重、大气"的综合服务中心形象与氛围。各主要出入口前均设有景观性入口广场，方便使用不同功能的人流直接到达不同区域。

建筑中央为高18层的塔楼，塔楼东西两侧各为一个4层高的裙房。塔楼体量挺拔有力，充分展现兰州新区的向上精神。建筑的体形到顶部作了收分的处理，体现稳重大气。建筑立面使用现代石材，体现出兰州新区综合服务中心建筑的刚毅稳健。塔楼主体中心使用通透的玻璃幕墙，突破传统幕墙封闭厚实的感觉，展示兰州新区的公开性、透明性。同时建筑的造型元素采用了简洁而具有现代感的竖向线条，体现形体的向上感。突出建筑的现代感和

执业实践与创新

经济技术指标

总用地面积：282878.1m²

总建筑面积：143710.83m²

地上建筑面积（计容积率）：110732.63m²

地下建筑面积（不计容积率）：32978.2m²

建筑容积率：0.64

建筑覆盖率：13.25%

建筑层数：地上18层，地下1层

建筑高度：86.70m

绿地率：30.4%

停车位：968个

体现国际化的美学特征，也体现了兰州新区积极向上、勇攀高峰的时代精神。裙房体量舒展，展现出兰州新区的大气之势；裙房的立面延续了塔楼的竖向线条，体现了"一个中心，两个基本点"相辅相成而又互相独立的特性。

中央塔楼部分分为南北两个入口。南面的贵宾入口设在二层，创造出一个抬升的景观平台。贵宾们拾级而上，便可充分领略新区的广袤无垠。平台连接的是可以容纳大型庆典活动的广场。庆典活动在广场上热闹举行，奏响一曲与时俱进的高歌。

由景观平台进入中央塔楼，迎面而来的是3层通高的办公大堂，内部空间宽敞气派。建筑内部空间不仅满足政府办公宽敞大气的需求，同时注重细节处理。室内中庭空间、绿色空间相互穿插交融，日照充足，通风良好，营造出舒适生动的办公空间。

兰州新区行政中心项目作为兰州新区的门户和窗口，采用了突出中轴线的对称式布局。经典的形象除了能够凸显建筑简洁现代的造型特点，更能够营造出庄重大气的环境氛围，建设"大漠绿洲"，打造兰州新区城市地标。

深圳红岭中学高中部

学校建筑设计实践

张一莉　深圳市建筑设计研究总院有限公司
张　琮　深圳市都市建筑设计有限公司

一、学校设计的基本原则

学校设计是建筑设计中最常见、最典型的类型，学校建筑虽然功能并不复杂，但几乎涵括了建筑学的所有基本知识，所以常常被作为建筑设计和场地设计的经典教材。学校设计应该做到"实用、经济、美观、安全、节能"，我们在多年的学校设计实践中，都是以此为基本的设计原则。但在投标阶段，设计仅仅满足基本原则是不够的，还必须突发奇想，形成差异化竞争才能获胜。本文将结合笔者的工程投标及设计实例，探讨在学校投标阶段的设计策略、集约化设计以及节能设计等方面的问题。

二、学校投标设计策略

每块土地都有其自身的性格，在其之上的建筑设计具有地域性，应该是独一无二的。当设计受到各种因素约束的时候，设计者通常认为很难。其实所有事情都是相对的，当你面对的是一个投标或者竞赛时，会发现项目的约束条件越少，自由度越大，设计反而越难。因为约束条件越少，能找到支撑设计逻辑的论点就越少；设计自由度越大，方案的可能性就越多，越难找到能充分自我肯定的最佳思路。在激烈的竞争面前，只有出奇才能制胜。因此，设计的真正难点，不在于功能的复杂性，而是在于如何打破传统的设计模式，创造与众不同的思路。

三、高度集约化的学校设计

大部分的中小学校都位于人口密集的居住区，区域土地价值较高。因此，政府对学校建设用地的划定往往是基于节约用地的原则，大多数的学校用地都不宽裕，甚至非常狭小。在此条件下，建筑设计往往面临着各种约束，经常碰到的是建筑与场地的矛盾，要面积就要损失场地，要场地就要牺牲建筑面积，是否有两全其美的办法？能否提高建筑的层数？能否在教学楼的上方增加一层设置行政办公室，从而避开规范对教学楼层数的约束？宿舍楼能否做成小高层？宿舍楼能不能与食堂做成一栋综合楼？……如果这些能做到，土地使用率就提高了，外部空间自然就多了。在用地高度紧张的情况下，把场地和建筑叠起来布置，在建筑底层设置架空层来做运动场地，功能布局从水平分区变为垂直分区，可彻底解决建筑与场地的矛盾。

在设计前首先吃透规范条文要求，有时候打个规范的擦边球，从道理上说得通，又解决实际的问题，甚至能带来其他方面巨大的创新与收获。

四、学校建筑的节能设计

（一）场地设计的方法

分析用地环境特征，合理安排建筑物的朝向、

扎西干部学院方案1

扎西干部学院方案2

深圳侨香学校方案

深圳市第九高级中学方案

间距，从而创造一种利于节能的规划格局。比如说建筑的朝向一般应该朝向当地的夏季主导风向，让建筑主朝向与夏季主导风向保持一定的角度，既缩小了建筑之间的通风间距，又保证了整体通风效果。对于寒冷地区，可以在北面布置体型较高较宽的建筑，对冬季季候风形成遮挡。另外，场地内的水体、植被也会对基地内的小气候产生影响。在校园内适当的区域设置水体，有利于炎热地区的降温和缓解城市热岛效应；绿色植被、空中花园、屋顶花园等的设置，可对日照形成遮挡，加上植物自身蒸腾作用，能有效降低地表或建筑物的温度。

（二）单体建筑设计

就单体建筑而言，设计应该关注几个方面的问题：一是建筑的体形系数，二是外围护体系的热工性能以及建筑的密闭性。比如窗墙比的控制、外墙保温的设置、外遮阳的设置、双层幕墙的应用、采用Low-e玻璃以及断热型铝合金型材等措施，都有利于降低建筑能耗。

（三）新技术、新设备的应用

在设计中，坚持采用节能材料或是利用可再生清洁能源的新型设备或技术，能够达到降低建筑能

深圳红岭中学1

深圳红岭中学2

耗的目的。如采用热回收的新风系统、地源热泵、太阳能发电、风能发电、中水系统、雨水收集系统、LED智能照明系统等。

五、工程实例分析

（一）深圳市红岭中学高中部

学校用地三面环山，靠山面水，环境优越，项目用地面积和总建筑面积均约为9万m^2，整个项目用地看似宽裕，但实际地形不规则以及南北巨大的高差，使用地变得紧张。

从建设规模来看，这所高中的规模可算是航母级别了。投标阶段高手云集，要想出奇制胜，必须先找到"奇点"。经研究分析，确定了设计中的两个基本点：一是建筑应该与特殊的山地自然环境和谐呼应，二是建筑应集约化布置，处理好建筑与场地的关系，总图规划绝对不能让这个世外桃源般的学校显得拥挤。

首先，确立从东到西"教学—运动—生活"的总体功能分区布局，将建筑群尽量的靠北面布置，一方面在入口附近留出更多的开放空间，另一方面让山体背景更加突出，设计表现了对自然的尊重。

在主入口处低矮的弧形办公楼对入口广场形成围合空间，走进校园可以看到后面的建筑群落以及环抱的群山，整个学校更具规模感，与自然融为一体。宿舍综合楼呈弧线形布局，既契合用地红线，也呼应了运动场的形状，土地利用充分。教学综合楼和宿舍楼采用退台、错层等手法，依山就势，因地制宜，让建筑与土地紧密结合，最大限度地减少了土方量。在造型设计阶段，将中部风雨操场和游泳馆

总体规划篇-总平面图

深圳红岭中学3

深圳红岭中学4

南宁四中总平面图方案1

的屋面连起来，采用一种错峰波浪式的造型，向南北山体延伸，屋面的颜色设计为与周边山体一致的绿色，整个屋面就是连绵群山的一个剪影，也是建筑与环境联系的绿色纽带，成为整个项目的点睛之笔。

（二）南宁四中五象新区校舍

南宁四中项目用地面积约11万m²，建筑面积为7万m²，是一所包含高中部和初中部的完全学校。与深圳红岭中学高中部相比，这个项目用地非常宽裕，设计自由度大，反而很难找到"突破口"，在一块方方正正的用地上，有无数种布局的可能性。究竟应采用怎样的设计策略呢？

经多方案对比及推敲，最终确定了"园林式学校"和"资源共享"的设计原则。

第一，本项目的设计重点在于园林景观的打造，让建筑物的间距更宽松，让每个房间前后均处于园林绿化之中。

第二，强调"资源共享"的理念

空间共享：在南北和东西两个轴线方向设置了纵横两条带状绿化空间，为在校学生提供给一个休闲、交流、游憩的共享开放空间；

功能共享：将体育馆、图书馆、食堂等设施放在高中部和初中部的中间，并设置架空连廊相连，公共设施得到了很好的共享利用，避免了重复建设。

南宁四中总平面图方案2

深圳实验学校高中部

（三）深圳实验学校高中部

项目建设用地非常狭小，如果按照任务书要求，需要在可建用地仅为5200m²的用地里，安排28000m²的建筑以及四个标准篮球场。若按照传统的设计思路，在设计规范的框架内设计，保证教室之间、运动场地与教室间25m的间距，建筑师会发现是个不可能完成的设计任务。

巧妙的是，设计大胆地将四个篮球场放置于教学楼下方的架空层，通过半下沉式设计，既保证了架空层的高度，也满足了篮球场的净高要求；同时采取楼板隔声、顶棚吸声等构造措施，最大限度地降低了球类运动的噪声影响，巧妙化解了建筑与场地需求的矛盾。

总图

（四）深圳市福田外国语高级中学改扩建项目

这个项目同样面临着用地紧张的问题。建筑和场地是个矛盾，要做够建筑面积，就要牺牲现有的运动场地，这是设计的第一大难点。设计的第二大难点是，幼儿园和住宅小区的日照要求较大，日照间距的要求，影响了基地内部的建筑布局。如何处理新老建筑的功能衔接与风格统一，为第三大难点。该方案之所以中标，在于巧妙地化解了三大难点。设计采用集约式布局，将风雨操场与报告厅层叠布置，最大限度地留出室外场地空间，在南面保留了三个标准篮球场；在宿舍综合楼底层采用高架空的手法，将学生餐厅架空放在排球场的上空，既保留了个三个排球场，也争取了建筑面积。在造型设计方面，设计强调对历史和文化的传承，力求整体协调统一，加强学校的整体感和规模感。

福田外国语高级中学

华强职校实训综合大楼

（五）深圳市华强职校实训综合大楼

项目位于深圳北环大道南侧，新洲路的西侧，项目用地也非常狭小，虽然建设规模不大，但却需要在大楼里布置停车库、教室、办公、宿舍、阶梯教室、羽毛球馆等功能。

首先，用地越局促，人们对外部空间的渴望就越强烈，因此架空的设计手法是必不可少的；其次，垂直化的功能分区必须做到合理可行。建筑师要做的，是将所有功能摆在一起研究，确定一个适应性最好的柱网，从而满足各楼层不同功能的要求。然后，合理安排各功能所在楼层和位置，将教学区放在离噪声源最远的地方，将阶梯教室放在裙楼三层以下楼层，将大跨度的羽毛球馆放在顶楼；同时考虑宿舍楼卫生间的垂直管线问题，最佳的方式是将卫生间靠外墙布置，这样所有的管井都不会影响其他楼层的功能布局，也不用为设置管线转换层而增加额外面积。

海曦小学

六、结语

学校建筑设计就像是做一个数学和作文的综合题,而投标就如同一个限时做题比赛。数学是必选题,它的难点在于题目包含了各种变量,要自己列出方程并解出来;而作文是可选题,它的难点在于让故事以及故事的表达方式打动人。只有把两部分题目都做好了,学校设计才能称得上是一个好的设计,投标才能获胜。

红岭中学高中部运动区局部鸟瞰图

基于人文关怀的养老建筑设计研究

陈 竹　黄 海

深圳市清华苑建筑设计有限公司

摘要：为适应我国社会老龄化的趋势，促进养老机构设施的发展，本文以养老建筑为研究对象，通过调研、分析目前养老建筑的现状，发现其存在的问题，提出建筑设计的改善方案，为老年人创造居家式、充满人文关怀的栖居环境。

关键词：人文关怀、养老建筑、建筑设计

1. 前言

目前，我国正处于人口老龄化的初始阶段，预计老龄人口将在2050年达到顶峰，约占总人口的三分之一。随着老龄化的加剧，"未富先老"而引发的矛盾在"北、上、广、深"等一线城市尤为突出，因此，国家提出"以家庭养老为主导，社会养老为依托，机构养老为补充"的政策来解决人口老龄化所带来的社会问题。本文以养老护理院建筑方案设计为契机，展开养老建筑的专题研究。

1.1 问卷调研

本文所探讨的养老建筑主要是社会福利性质的养老护理院、福利院等。在项目开始前期，公司老年住区研究组对深圳市养老护理院、福利院等进行了调研。调研的主要目的是发现目前深圳养老建筑存在的主要问题，提出改善的方案，为养老建筑创造更加舒适、人性化的生活环境。调研的内容主要围绕老年人居住环境与空间感受展开，主要内容有：

从调研结果可以得出，养老机构较为突出的问题是缺少娱乐场地和设施，在建筑方案设计时，需要注重娱乐空间的营造，给老人一个轻松、愉悦的家园

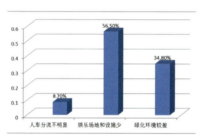

图1 养老建筑存在的主要问题

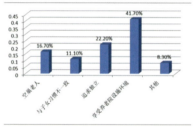

图2 选择居住护理院的理由

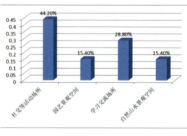

图3 居住环境的关注度

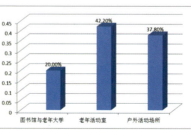

图4 老年人对公共配套的需求度

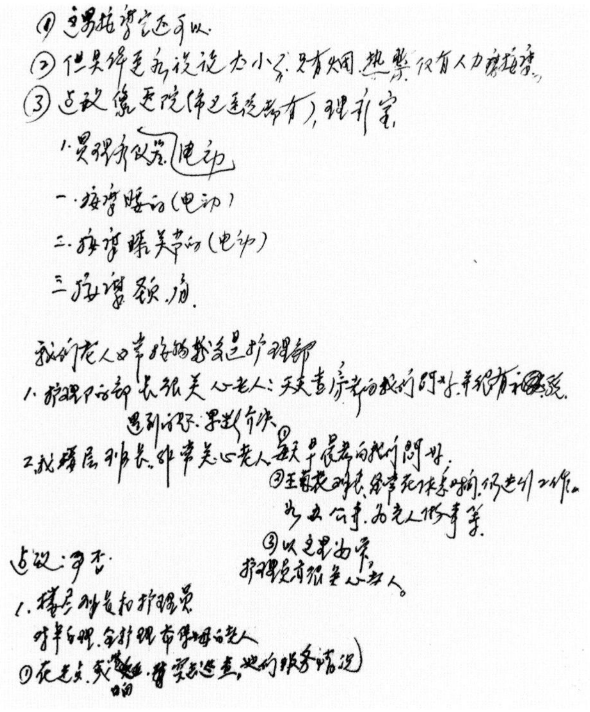

图5 接受调研老人代表的建议

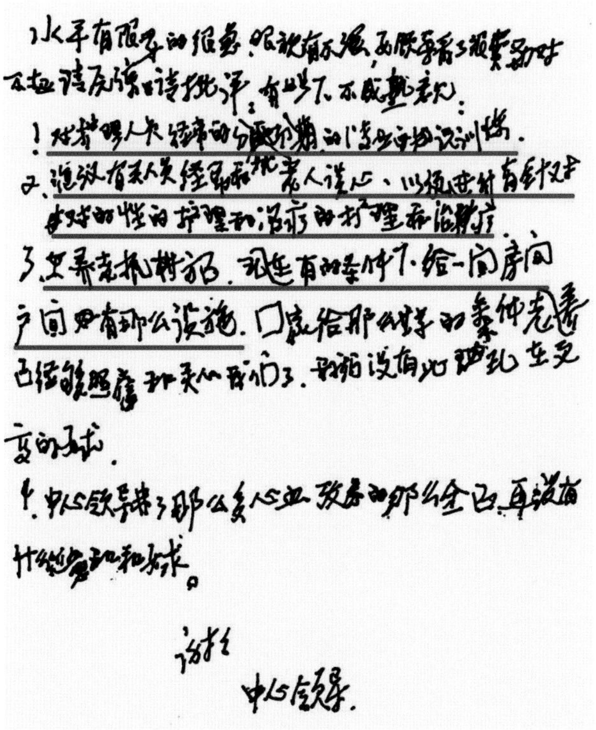

图6 接受调研老人代表的亲笔来信

式的空间感受。老年人在选择护理养老院时，比较看重护理院的设施及环境。由于老人偏好安静而追求相对独立，因此，在方案设计过程中需以老人为中心，注重居住、休闲空间环境的营造，满足不同老人对环境的需求，为他们提供一个安享晚年的居所。

在选择养老护理院时，活动场所是老年人最为关注的因素之一，其次是有足够的再学习交流场所、园艺景观等，这为我们的设计提供了依据。与户外活动场所相比，老人更倾向于室内的老年活动室。一是华南地区夏季昼间室外温度过高，二是老人愿意就近活动。因此，室内活动室是不可或缺的。

1.2 养老建筑存在的问题

老年人除了早晚出去活动以外，大部分时间都是在自己的居室内活动，包括休息、阅读、聊天、会客等。因此，首当其冲的就是居室内的环境质量，良好的室内舒适性是老人休憩的前提。目前，养老建筑或多或少都存在如下几方面的问题：

（1）对老年群体的认识不够全面

老年人的生理和心理都和其他年龄阶层有着显著的区别，设计师在方案设计时更多的是从物理空间的营造出发，而精神层面的因素则顾全不及，不能身临其境地体会老年群体的特殊需求。老年人大部分时间在室内度过，若室内布局设施过于简单，老人无所事事、生活单调，老人生理机能的衰退可能加速，因此，室内的活动应该丰富而多样化。首先，室内空间宜进行简单的分区，如休息区、活动区、会客区、阅览区等；其次，应关注老人精神层面的需求，例如，养花、遛鸟、听歌等宜根据老人的生活习惯灵活布局，满足其日常使用要求。

（2）对老年建筑的理解存在偏差

老年人是一个特殊的群体，为营造出更适合老年群体居住生活的空间，设计师在设计老年建筑时，往往结合环境心理学和人体工程学等学科来设计。而目前城市的一些所谓高端的养老机构采取豪华的装修，高大的空间，大理石的铺地，金色的贴砖，把房间打造得金碧辉煌，而往往没有考虑到老年人的生理和心理需求，不能给老人一个家的感受，缺乏安全感和归属感。

（3）人性化空间营造不足

老年人的生理功能和心理需求差异较大，应具有个人的私密空间。目前，由于资源有限，不少养老护理院、福利院设置多人间居室。老年人的生理习惯，很多是几十年养成的，一时难以改变，而多人间居室中各人的作息、生活习惯不一，睡眠互相干扰，活动时间不一致，以及个人隐私得不到维护等，容易造成老人之间的矛盾。室外人性化的空间更加缺乏。老年人有一个共同的特点，就是喜好散步。大部分养老机构外部环境休闲设施都不能较好地满足老年人休闲、散步、观赏等要求。例如，在散步道上，老年人休憩的座椅未设遮阴避雨设施；座椅的周边种植高大的乔木遮挡老人的视线，影响其可视范围，易造成安全感缺乏等。

（4）其他因素

除了上面介绍的几个主要因素外，还存在其他方面的问题。如养老机构选址与外界沟通不便，不方便亲人、朋友探视；开发商过度追求利润最大化而造成的资源浪费，管理不善等。

2. 设计案例分析

该项目选址位于深圳市南山区龙苑路与龙珠路交汇处。项目西邻龙珠中学和高层住宅楼，南为高层住宅区，东为龙珠医院，北面隔运动场与塘朗山

图7 养老护理院沿街透视

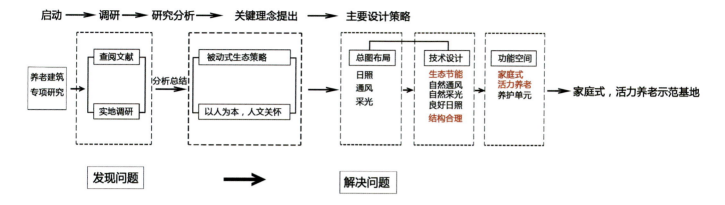

图8 项目研究结构图

相望,交通便利,环境优雅。

建设用地面积1万m^2,总建筑面积3.98万m^2,建筑高度69.6m,容积率3.42。

2.1 项目研究

以养老院方案设计为契机,开展了养老建筑设计的专项研究。通过对深圳市现有养老设施的调研,了解住院老人及护理人员对养老院环境的需求。从"发现问题"→"解决问题"的思路出发,分前期调研、理论分析、提出关键理念、主要设计策略几个阶段,提出"家庭式"、"活力养老"的设计理念。

2.2 设计理念

通过对项目任务书以及基地情况的分析,我们得出养老院方案设计的几个关键问题:

(1)如何在有限的基地中既能最有效利用土地,又能创造最舒适的整体环境?(2)如何适应老年人的需求,体现养老建筑的特色?(3)如何在满足功能使用的前提下,最大化地实现经济和技术合理性?

在设计中,逐步确立了两个重要的设计理念:一是以被动式生态设计为原则,理性选择具有最佳日照、通风、采光等环境的建筑布局和形体。二是以"以人为本,人文关怀"为原则,我们确立了"家庭式"和"活力养老"的设计构想,力图创造一个具有居家式体验,老有所养、老有所乐的健康生态性综合养老示范基地。

2.3 总体布局

总体布局从"诊断"场地的限制性和分析使用功能需求入手,利用多方案比较,试图找到既能最有效利用土地,又能创造最适宜养老的舒适的整体环境,力求形成一个日照、通风、采光最合理利用的方案。

日照条件的限制。根据设计任务书,本工程要求生活用房都要满足大寒日3个小时以上的日照。为满足800床的老人养老要求,作为项目主体的高层养老单元主要有两种形体模式:一种是基本面南的条形大板式,另一种是东、南、西三面围合的半围合式。这两种方式理论上都可以满足日照要求。

条形大板式,优点是能保证居室都朝南向布置,建筑整体通风效果良好,但沿纵向的形体过长,使得建筑体量较大。半围合式,优点是缩短沿场地纵向的长度,减小建筑的体量,但主要问题是增加了东西朝向的居室。经过多方案的比较,设计最终采用改良优化后的斜折板式布局。通过转折缩短主楼宽度,同时对龙苑路和龙珠七路的城市交叉口界面形成更好的呼应。附属用房和公共服务部分

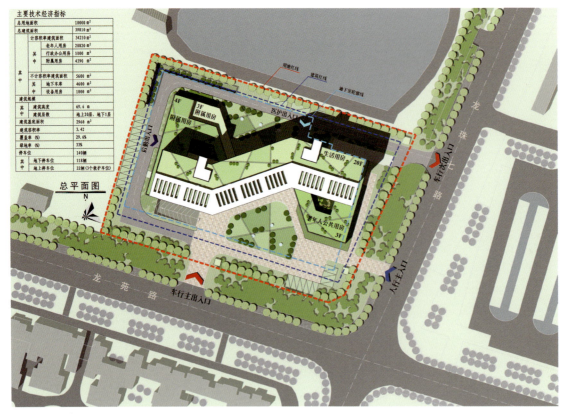

图9 养老护理院总平面图

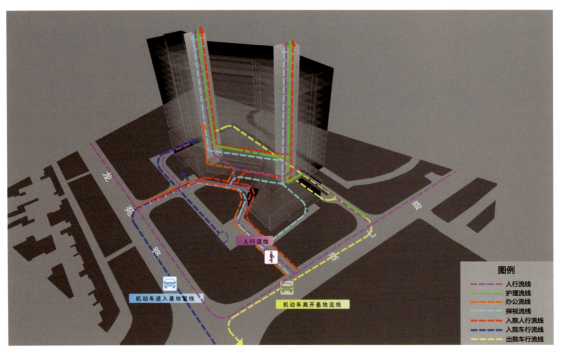

图10 流线分析图

位于裙房,在中部形成主入口广场。总体布局靠基地北部,折行的板式把基地划分为南北两个半围合式庭院,南面庭院以对外展示为主,北面庭院以内部使用为主,实现动静和私密的分区。

在考察现有养老机构时发现,南向院落虽然阳光更充裕,但很多老人更喜欢在阴凉的庭院中活动以避免日晒。通过通风模拟分析发现,尤其是在夏季及过渡季,北面庭院的通风和热辐射均优于南向庭院,非常适合老年人的日常休闲活动。据此分析,折板布局所产生的南院和北院的做法,相对一般仅重视南向大院的做法,更适合深圳地方气候和老年人生活习惯,能为他们在不同天气情况下提供更多的选择。

2.4 功能与空间

设计本着动静分区的原则将工程地上部分主要分为生活主楼和公共裙房部分。主楼根据养护功能要求从下至上依次为自理区、介助区和介护区。地下室主要由地下停车库、设备用房和人防地下室等组成。

在功能分区的基础上,以便捷通畅为原则设置了如下的流线:车行流线、行政办公流线、入院居住流线、亲属探视流线和医护照料流线。

调研中我们发现,老年人不仅在生理上需要不同程度的照顾,且在心理上更加需要悉心关怀。尽管年老力衰,他们大多希望能像年轻人一样有一定的交往空间,有舒心愉悦的生活体验。为此,我们针对现有养老机构普遍存在的"居住如住院"、"生活如被监管"的现状,提出"家庭式"和"活力养老"的设计理念。具体有如下三方面的设计重点:

首先,在生活用房设计上采用"家庭养护单

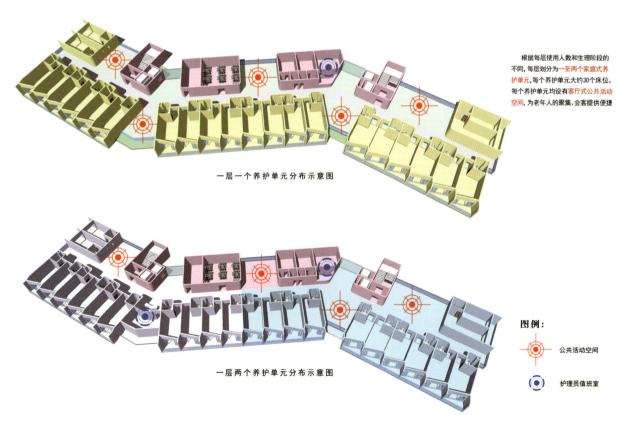

图11 护理单元分区图

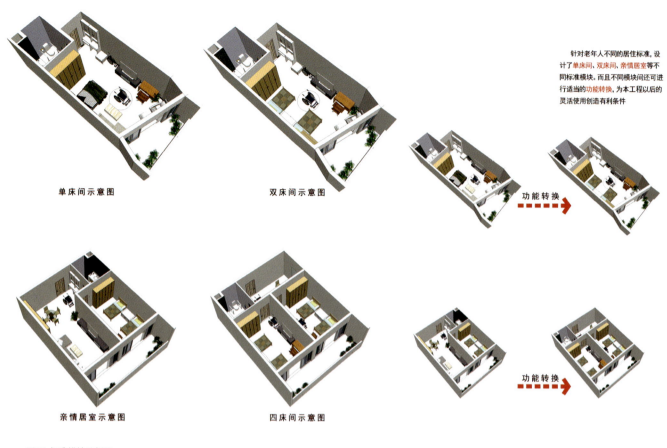

图12 标准模块分析图

元"的设计。根据每层使用人数和生理阶段的不同，每层划分为一至两个家庭式养护单元，每个养护单元大约30个床位。每个养护单元均设有客厅式公共活动空间，为老年人的聚集、会客提供方便。针对老年人不同的居住标准，设计了单床间、双床间、亲情居室等不同标准模块。而且不同模块间可进行适当的功能转换，为工程以后的灵活使用创造有利条件。

其次，根据老年人日常活动的需求，利用交通和公共活动体系，串入一个整体的"活力养老活动区域"。主要包括户外活动区的南、北部庭院，由裙房、主楼屋顶、露台花园、楼层中部的平台花园组成的空中花园系统。此外，还专门为自理老人设计坡道健身花园，为自闭痴呆老人设计U形回廊锻炼区等，为老年人丰富多彩的日常活动提供多种选择，以实现"活力养老"的目标。

最后，如何改善护理和管理人员的工作环境也是本设计的一项重点。方案在办公附属裙楼以及后勤服务楼部分设置了中庭花园，最大程度保障每个办公服务房间的日照和景观。在标准层设置护理室，与平台花园和活动室连通，为护理人员日常生活提供明亮舒适、轻松愉悦的工作环境。

此外，设计还参考了国内外先进经验做法，力求在无障碍设施、标识系统、信息服务系统、公共通道、楼电梯等空间细节上充分满足老年人的无障碍要求。

2.5 技术设计

设计力求在满足功能使用的前提下，最大化地实现经济和技术的合理性。首先在绿色技术方面，项目以生态设计的理念贯穿设计始终，力求以最经济有效的被动式方式实现绿色建筑标准的要求。主要体现在：

（1）在平面和立面设计中，以通风模拟来选择优化立面开口位置及大小；

深圳夏季主导风向为东南风，平均风速约为2.8m/s，冬季为东北风，平均风速为2.6m/s，以此作为条件进行室外通风模拟计算。从模拟分析图可以得出：夏季，由于受到南向及东向建筑影响，建筑场地东南向风速减弱，建筑周边场地Z=1.5m处风速均小于5m/s，满足规范的要求。迎风面与背风面风压差在3～4Pa，通风效果良好。冬季，由于东北侧遮挡较少，经过裙房一层架空连廊后风速加大，为2.5～3m/s，建筑周边风速均小于5m/s，满足规范要求。建筑迎风面与背风面压力差在4～6Pa，通风效果良好。综上所述，综合全年通风情况及深圳的气候特点，建筑北侧广场要优于南侧广场。

（2）以实用为目标的立体绿化系统；

（3）南、东、西面的阳台和遮阳系统，立面全年太阳辐射量减少约20%～30%；

（4）太阳能热水系统；

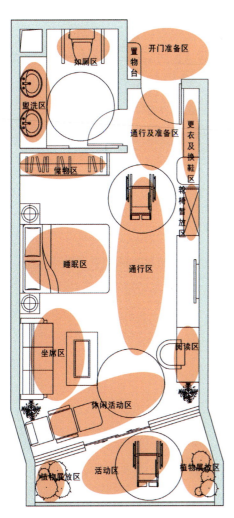

图13 户型空间解读1

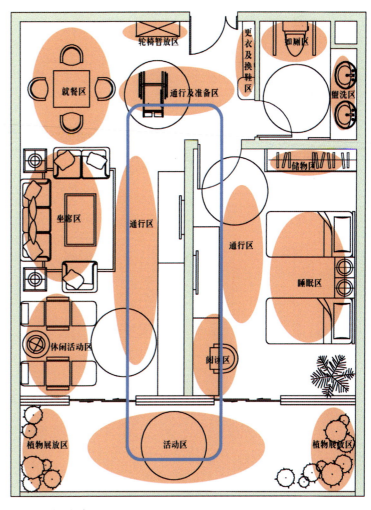

图14 户型空间解读2

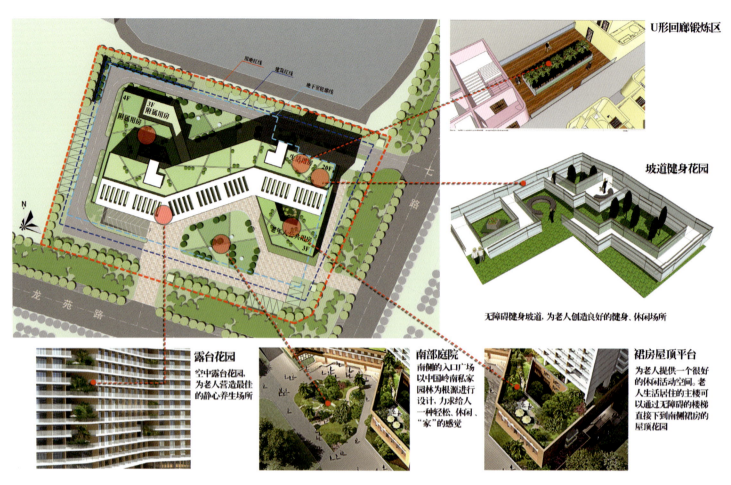

图15 活力养老空间节点分析图

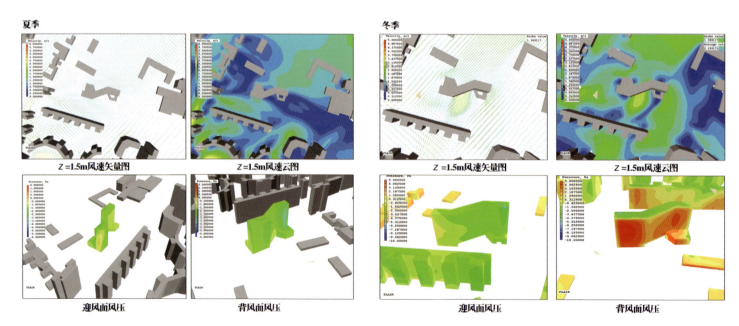

图16 室外风环境模拟分析图

图17 立体绿化系统

（5）雨水回收系统；

（6）其他节能技术的综合利用等。

除了采取被动式为主的绿色设计策略外，经济合理性也是我们设计的重点。为此，结构设计采用普通的框支剪力墙结构，在满足位移要求的前提下，尽量少设剪力墙，同时协调建筑功能与柱位的关系，下部大空间尽量少转换，降低造价。

3. 结语——居家式养老，创造理想化的栖居体验

在我国跨入老龄化社会的当下，关爱老年人的健康与生活必将成为全社会共同关注的问题。老年住区研究设计组以"老年人需求为核心"为目标，从总体布局、室内外空间环境、生态节能、经济适用等方面均进行了积极的探索，力求创造一个具有"家庭式居住氛围"，以"快乐活力养老"为特色的健康、生态、宜居的养老示范基地。

新型城市综合体为我们带来了什么？
——昆明·滇池国际会展中心案例

忽然
深圳中深建筑设计有限公司

关键词：新型综合体　传统商业圈　城市空心化　城市结构　交通系统

项目背景

2012年10月深圳中深建筑设计有限公司在国际招标中赢得"昆明·滇池国际会展中心"项目（以下简称：昆明会展中心）的总体概念设计。项目位于昆明市南面的官渡区，紧临滇池北面的三个畔岛旁边，以会展中心为核心，外括商业、商务、会议、酒店、游乐、居住为一体的新型城市综合体。总建筑面积为：400万m²，总建设用地为：155万m²。（图1、图2）

图1　CBD商务区效果示意图

图2 空间效果示意图

图3 昆明传统商圈

西门商圈、青年路商圈、白塔路商圈构成了昆明市四大传统商圈。其四个商圈的形成具有明显的时代性和城市商业发展规律，与其他城市有着极大的共性。（图3）

20世纪70年代，老昆明人的居住、采购、娱乐都集中在三市街附近，当时昆明的百货大楼也居于此地。随着改革开放，商业活动也随之发展起来很快成为昆明市唯一商圈——三市街商圈。

80年代，改革开放发展进入快车道，个体经营迅速发展，并集中于青年路，逐渐形成了以时尚为主的青年路商圈。

90年代，随着城市旧改和城市道路改造，以及商业经营业态的变化及房地产的发展，形成了以昆百大为龙头的"重型商业区"三市街商圈。以樱花购物中心、金华百货等构成了高端、运动为主的白塔路商业圈。

进入21世纪，随着我国经济的发展和结构性的变化，城市商业也呈现了多样性和专业化的发展模式，而传统商业圈繁荣背景下出现了风险系数加大的

当以住宅为房地产主要盈利手段成为千夫所指，并为政策反复打压之后，商业地产被迅速热捧，以"城市综合体"形象遍地开花。随着商业地产开发的换代升级，"城市综合体"的内涵被赋予更多的功能和特性，其规模也越来越庞大，出现了"新型城市综合体"。或许是"新型城市综合体"迎合了我们这个时代各种层面和各个阶段膨胀的欲望，他的成长与发展已带有太多的功利色彩。他为我们的城市带来了什么？

本文以"昆明·滇池会展中心"项目为例，试图探究"新型城市综合体"的成长进程中一个可能的结果，并借此提出降低成长风险的浅见。

1. 传统商业圈的形成

以项目所在地昆明市为例，三市街商圈、小

图4 区位示意图

图5 空间效果示意图

可能，主要表现在交通和"城市空心化"的趋势。

2. 传统商业圈的风险

由于传统商业圈的形成均产生于改革开放初期和中期，这一时期我国各城市的规划也处于探索期，对于城市的交通发展预期不足，集中表现在老商业区的交通堵塞和停车位严重不足。交通风险日趋严重。就昆明而言，因其非为传统古都，且在早期城市规划中缺乏前瞻性的理念，城市道路结构缺乏系统的东西和南北主干道，城市环道也不够完善，使昆明在本世纪初，我国汽车产业尚未高速发展的时期，已背负"堵城"之名。（图4）

这样的背景，造成昆明传统商圈出现了比其他城市更严重的交通风险。另一方面，"城市空心化"也会逐渐逼近昆明。

"城市空心化"指在一些大城市由于都心地带经济承载量过大，造成的人均基础设施费用过高、人均生活费用过高、商务费用过高、闲暇时间损失增高等弊端，使一部分都心居民、机构和企业流失。在中国由于地价、房价、交通等原因，使"城市空心化"超前，在一些一级城市已开始出现，昆明作为发展滞后，刚刚步入二线的城市，"城市空心化"也离她不远。

3. 新型城市综合体承载的是什么？

与"城市空心化"相对应的是"城市化"概念也就是"郊区城市化"都心出来的人群，涌向郊区城市化区域。十年前，都心人群流向郊区楼盘，是由于房价、地价等问题，是被动的流向。郊区盘提供的产品也主要是居住和基本的居住配套。人们拥有了相对的好环境空间，但失去了城市生活的便利和快捷，上下班往返时间过长，生活方式相对保守。这是为改变居住环境的无奈选择，不是人们的理想生活方式。（图5）

近几年，随着"城市化"的深入推进，出现了"新型城市综合体"，他提供的不仅仅是居住，还提供了购物、游乐、商务、酒店、会议等多种复合功能为一体的场所。人们在此可以形成自己相对完善并独立的生活、工作、创业圈，使人们在享受好环境的同时，也拥有现在城市生活方式。（图6）

它有别于过去的"卫星城"概念，其规模相对小离老市区相对近，发展的链条最终与老市区连成一片，成为现代城市多中心纺锤型发展中心一个结点。（图7）

这样的发展模式，成与败尚未有定论，但关乎我们城市的未来。

4. 城市规划对城市综合体的控制与释放

笔者曾参与多个城市的此类项目，共同特点是项目策划与调研均为投资方独立完成，城市规划部门被动接受，从项目的开发角度，投资方可以把握项目的成功率，降低风险，但从城市规划与发展方面看，风险则极大。也就造成了我们城市的外来存在极大的风险。

城市规划是对城市未来空间构架的规划，是从城市的总体和长远利益出发，合理有序的配置城市空间资源。通过空间资源配置，提高城市的运作效率，促进经济和社会的发展，确保城市的经济，社会发展与生态环境相协调，增强城市发展的可持续性。

从城市规划的层面，"新型城市综合体"的设定应服从于城市规划的引导与控制，才能确保城市总体发展的协调性和持续性。

但往往事与愿违，投资方的策略与城市规划方面总存在很大的分歧。表面上看，投资方考虑的多是项目要释放多大的能量，规划部门关注的是既定的总体规划条例与模式对项目的控制。而本质是政策与市场的矛盾，一方面投资方以市场方式策划、运营项目，政府以行政、政策管理市场。缺乏对市场成长与发展的预期，造成我们的城市规划跟不上市场的发展，分歧也不可避免。

从整体、全局层面分析，投资方的项目策划

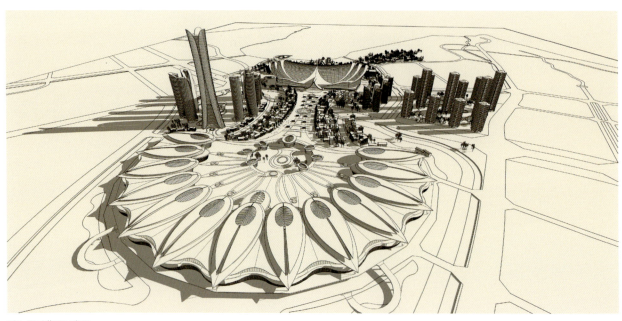

图6 项目草图示意图

图7 公共空间示意图

和运营必须服从于城市规划，这样才有城市的总体协调性和持续性，避免因投资方的个体行为造成城市总体的战略损失。而尝试规划本身应是动态的，做到与时俱进，与市场规律结合，强化城市规划的合理性、预期性、实施性，使尝试规划能良性的、合理的控制项目，并激发项目的能量。

5. 昆明·滇池国际会展中心项目的剖析

就昆明而言，城市交通系统的缺陷和问题已越发突出，冲出围城，向外拓展城市空间的而需要更强。这也是加速相对滞后的城市化步伐的诉求。昆明市在这样的背景下，又迎来一个重要契机，2013年经国务院批准，昆明市第五届南亚国家商品展正式更名为："中国—南亚博览会"，实现了昆明会展业立足亚太，走向世界的战略。

昆明·滇池国际会展中心项目应运而生，大手笔的战略和前瞻性的策划，使项目具备了城市区域完整活动空间的"新型城市综合体"概念。具有引爆性，并推动项目周边及官渡区的发展，借此促进云南省纵深开发滇池生态旅游的战略。（图8）

随着项目总体规划设计的逐步深入，越来越多的问题显现出来：

（1）选址问题

项目选址于昆明市官渡区的南端，比邻滇池北端环湖生态带。其地质属典型软地基泥炭质土，含水量高，不适合大体量的公共建筑群建设，且因项目所聚集的大量人流，有损害滇池生态环境的可能。（图9）

（2）交通问题

项目用地周边的城市主干道只有环湖路和西侧的80m宽规划路，且路网延伸至主城区的可达性弱，虽然城区内规划了一条地铁线，这对于建设规模达400万m^2的建筑群来说，交通隐患很大。

（3）规划与开发强度问题

由于项目的特殊性与引爆性，使项目的整体开发强度较高，建筑的总体规模和高度与原有规划存在较大的分歧且会展、商业等建筑层数不高，但平面展开面积大，造成建筑密度较大，对于这样的大型公共建筑，预留的城市缓冲空间不足。

这些问题使项目设计出现瓶颈，若不能有效解决，这个"新型城市综合体"建成后将重蹈老商业区的覆辙，有悖于"新型城市综合体"的核心价值。政府与投资方在这些问题上的认识是共同的，投资方在项目的控制与释放上艰难选择。

图8 夕阳效果示意图

经过多方论证，首先确定选址不变，设计在项目的规模和布局上作出了较大的调整，将人流量相对大的功能体（如会展中心、大商业、CBD等）布置在远离滇池的北边，而人流量相对小的酒店等布置在临滇池的南边，同时，将会展中心的层数加多，缩小建筑的覆盖面积，尽可能留出缓冲空间。（图10）

对于交通问题，政府方面从全市的角度，将城市主干道进行梳理，确保项目建成后与中心城区以及机场等的通达性。而项目本身的设计也采取了多项措施，如环湖路在项目段下穿通行，将多功能区的车流相对区域化，并制定了交通管理详则。使区域交通在设计和运营方面得到保证。

这些措施的力度和效果，在论证上基本可行，但在后期运营上是否有效，有待考察。

6. 新型城市综合体为我们带来了什么？

城市发展模式的合理性，在人们长达几百年的建

图9 别墅区效果示意图

图10 夜景效果示意图

图11 Rhino线框效果图

设中不断论证、调整，理论用于实践，问题层出不穷。

城市规划的空间，首先是人的活动空间，以人为本，关心人的感受，是城市规划的核心。目前我国城市化进程的步伐与规模超过了世界任何地区和历史上的任何朝代，国外的理论不能照搬，历史的经验也不能套用。"新型城市综合体"的出现，是想给予人们新的城市生活空间，之所以谓之"新"，就是摒弃了传统城市中心的缺点，兼容了传统城市中心的优点。它的作用是为我们城市空间的拓展寻求一种方式，但它的发展失去了合理性的规划控制，必将带来巨大的后患。（图11）

在参加了多个项目的设计中，我的体会是，城市规划的理念转变、项目的合理控制、适度的张力，是新型城市综合体项目成功的必要条件。

人们期盼的是新型城市综合体带给我们新的生活环境、新的城市空间、新的生活方式，不是又一个被时代抛弃的城中村。

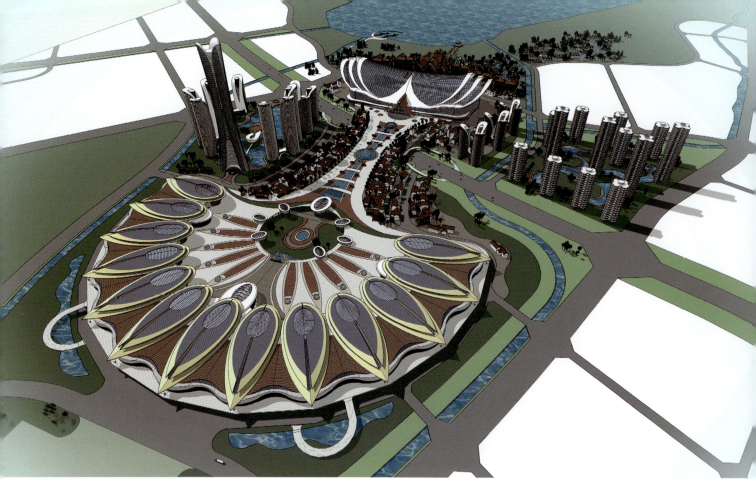

昆明·滇池国际会展中心

深圳中深建筑设计有限公司

主创设计师：忽然
设计团队：刘晨　杨佩　徐策　李莫可　胡军　米立国　杨军
设计时间：2012年
施工时间：2013～2014年
工程地点：昆明市

主要经济技术指标
用地面积：1554013.51m²（约2331亩）
总建筑面积：1286100.00m²
容积率：2.60
建筑密度：49.42%
绿化率：22.03%

1. 项目位置

项目位于昆明市主城区南部，环湖路穿过基地，横跨滇池三个半岛，项目用地南部紧邻滇池，用地面积约946.16亩，是一个纵贯南北1000m，横跨东西500m，平地架空14m大体量，广布局，多层次的建筑群，北至规划50m城市道路与规划40m城市道路相交处，南至约环湖东路以南1400m，西至规划50m城市道路，东抵五甲塘湿地公园。

2. 工程概况

工程属一类建筑，耐火等级为一级公共综合体建筑，由展馆、商业、停车库及后勤配套等多种功能组成的大型综合体建筑群。各功能既相对独立，又共享运营资源和后勤配套。节能、环保是设计的主要理念；功能布局上体现共享，为后期运营预留空间；以打造新型的城市综合体为目标，使该项目成为昆明市的新名片。通过整合联动互补的功能业态，形成以会展经济和旅游经济为中心，集会议展览、文化体验、休闲娱乐及商贸商业于一体的低碳、生态、环保多功能型国际会展中心。

3. 规划设计理念

（1）建筑核心区域以"孔雀开屏，祥瑞春城"为设计理念，彰显出昆明城市特色文化与国际地标风范，在设计中我们结合使用功能，把展馆架空于14米平台之上，并融入了具有地域代表性的孔雀文化，展馆设有13个设备齐全的独立展厅，并且可合并为一个20万m²的超大展厅。

（2）CBD以绽放的花朵为概念，构成有昆明

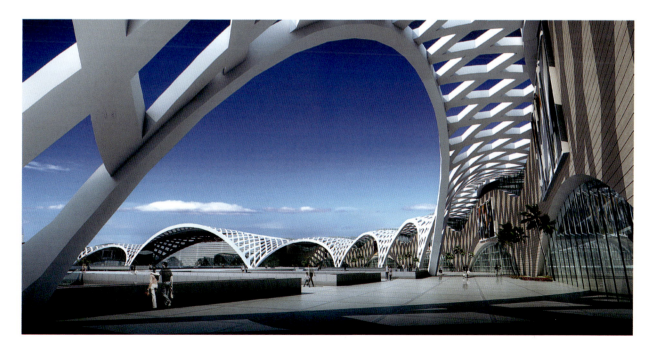

特点的景观意向，CBD商务区与展馆交相辉映，相互衬托，其中300米写字楼将成为区域性地标。

（3）海洋馆设计取材于傣式建筑空间形态，运用重檐、飞檐等设计手法结合功能特点，再现了一个有地域特征的大型建筑,海洋馆与会展中心遥望相对，内有大型人造海洋、沙滩、水上世界，给人仿真的海滨度假感受，内还有大型商业，度假酒店，办公及公寓等功能，为区域性大型综合体。

（4）风情小镇取材于云南多元化民居建筑特点，同时加以现代设计手法和符合现代商业运营的建筑空间模式、在大尺度建筑群中提供一个尺度适宜，氛围亲切的传统风情小镇。

（5）五星级酒店和国际会议中心设计意在创造出一座华丽、奢侈的滇王宫,酒店设计为旅游度假型酒店，形态上对称，以华丽、奢侈的宫殿形象展示与此，上千间客房近阅滇池波澜、远望西山揽翠,国际会议中心设计与酒店共用门厅，作为会展中心配套，内设有完善的会议用房。

（6）别墅设计参考老挝、越南、柬埔寨等东南亚建筑风格，打造出一个独具异域风格的高端别墅区。

西藏会展中心

深圳中深建筑设计有限公司

主创设计师：忽然
设计团队：刘晨　胡军
设计时间：2010年
施工时间：2011~2014年
工程地点：拉萨市

主要经济技术指标
用地面积：276008.00m²
总建筑面积：72557.60m²
室外场地：60000.00m²
人工湖面积：50000.00m²
道路用地面积：34065.00m²
建筑占地面积：64485.00m²
其他用地面积：67458.00m²
容积率：0.257
建筑密度：23%
绿化率：42%
车位数：1284个

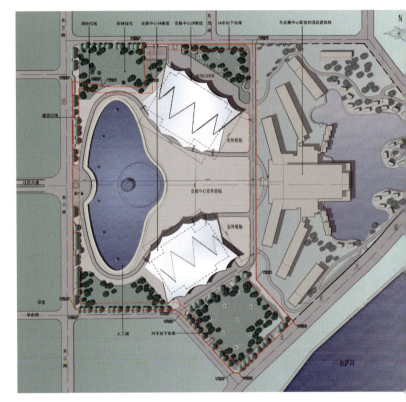

1. 项目位置

项目所属拉萨市位于雅鲁藏布江支流拉萨河中游河谷平原，东经91.07°，北纬29.39°，海拔高度3658m。项目位于拉萨市东区新城内的东西角，东南边为拉萨河，东为建设中的圣地天堂酒店群，南临西藏大学新校区，西接江苏大道，规划用地面积276008.00m²。

2. 工程概况

主要功能为四方面：会展中心1号馆（兼会议中

心）、会展中心2号馆、汽车库、宿舍及后勤配套。规划的空间视觉效果是由江苏大道进入用地，映入眼帘的是配套酒店的"雪山"与会展中心1号、2号馆的"浮云"，加之前广场一侧的50000m²的人工湖，形成天高、地远的场景，配以"雪山"、"白云"，构成雪域高原的胜景。

3. 规划设计理念

（1）尊重西藏地区的地域、人文建筑的文化特性；

（2）以藏族"尚白"的文化特点为线索，顺应圣地天堂酒店的"雪山"造型，以"白云"的造型理念，使项目与酒店形成"雪山+白云"，构成"雪域"高原的胜景；

（3）创造富有节奏、统一、变化而人性化的城市空间；

（4）对称布局的规划理念；

（5）关注节能，保证为西藏良好自然生态环境做贡献。

设计细节的执行
——打造优质项目的关键

马桂霖 董事
陈晓 技术总监 董事（广州）
梁黄顾建筑师（香港）事务所有限公司

广州太古汇

通盘考虑项目的设计全程并执行到细节程度，是成功打造优质综合商业项目的关键。本篇旨在以广州太古汇和成都国际金融中心项目为实例，通过分析该项目执行过程中各环节的处理经验，研究执行建筑师在综合商业项目中的职能与作用。

一、项目简介
1. 广州太古汇

广州太古汇工程坐落在成熟的天河商圈，商业定位为华南区最高档的商业综合体项目。项目由香港太古集团全资发展，功能内容丰富，设计执行难度大。这是一个较为典型的在市中心发展区的

成都国际金融中心

项目，共40多万m²建筑面积。其中一栋办公楼高180m，另一栋办公楼130多m，商业裙楼地下2层，地上3层，还包括一座文化中心（内有电影院、图书馆及其他展览场所），以及一家五星级的酒店。

2. 成都国际金融中心

成都国际金融中心位于四川省成都市商业中心的锦江区，是香港九龙仓集团在中国境内的第一个全资大型综合商业项目，设计旨在打造一个集金融、文化、休闲和娱乐于一体的新城市商贸中心。项目总建筑面积70多万m²，包括两栋高248m的办公塔楼、一栋高187m的住宅塔楼，以及一栋高198m的酒店及办公综合大楼，商场部分则包括2层地下商业、8层地上商业裙楼，内有溜冰场、电影院、酒店宴会厅、小礼堂及其他展览场所。

成都国际金融中心

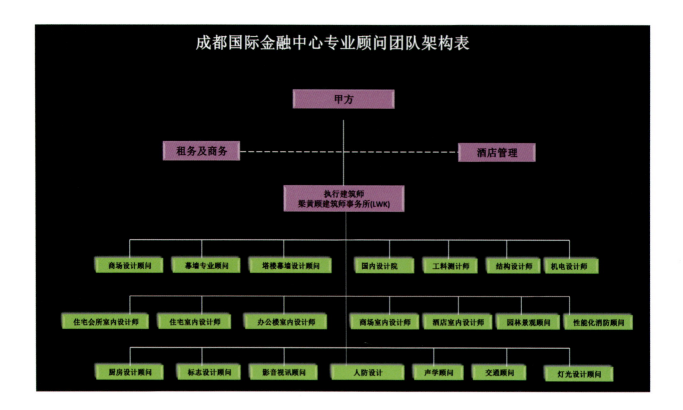

二、执行建筑师在过程执行中的功能分析

两个大型商业综合体的特点，除了项目本身规模大、使用功能错综复杂外，还体现为参与人员众多、架构组成复杂。其中，仅业主团队就包括工程组、设计组、租务组、物管组及酒店组等，而顾问团队则包括塔楼建筑顾问，裙楼建筑顾问，幕墙专业顾问，结构顾问，机电顾问，工料测量顾问，国内设计院室内设计顾问，园林景观设计顾问，灯光顾问，交通顾问，厨房顾问，勘探测量、消防安全评估顾问，环保节能顾问，人防顾问，声学顾问和交通顾问，地震安全评估顾问，财务顾问等，还有燃气、供电、电信等近三十个顾问和设计单位。

如何推进如此庞大工程在各个阶段有条不紊的开展，如何带领整个项目团队协作解决工程中各类可预见或不可预见的问题，如何在满足业主提出的设计要求的同时又能较好地实现顾问的设计目标，这无疑是整个项目的最大挑战，也是项目能否成功的关键。梁黄顾作为执行建筑师，充当了整个顾问团跟业主团之间的设计总控的角色。

执行建筑师的首要工作是有条理地分析业主提出的设计任务书的合理性，平衡轻重，提出优选专业方案提交给业主去作商业衡量。大型综合商业项目存在工程周期长、时间节点多而复杂、各个阶段差异大等特点。执行建筑师必须拥有丰富的工程经验，熟悉如何在不同的工程阶段中处理问题的重点，并调配时间与各类资源，配合工程各阶段的特点与要求，通过拟定多份详细且行之有效的时间计划表，以便全程把控项目全局设计进程。

本项目中业主方参与团体众多，各个单位的考虑出发点不同，要求也不同。担任项目协调职能的梁黄顾，需平衡各方的商业和技术专业考虑。市场瞬息万变，业主的商业发展策略随市场变化而调整，执行建筑师需在满足发展策略调整的同时，配合施工进度的顺利进行。在庞大的顾问团队里，执行建筑师还扮演一个主动组织、协调与统筹的角色。成都国际金融中心项目有两大主要的建筑设计团队——塔楼建筑设计顾问与裙楼设计顾问，两大设计顾问在设计意向、手法、材料选用上的倾向均不同，因此，在塔楼与裙楼交接处的设计处理和施工配合时，执行建筑师角色的重要性就体现得尤为突出。

综合商业项目往往涉及很多专业顾问的设计，当中有很多交叉面，凭借专业知识和工程经验，执行建筑师帮助业主界定每个专业顾问的设计界面，梳理设计后，把土建、结构、幕墙、楼宇维修设计等专业顾问各自的图纸集中绘制到同一套图纸和文件上。当这些设计都反映在一起的时候，就能方便地核查图纸和文件是否密切地契合起来，避免承包单位按不完整的图纸建造。执行建筑师重要的工作还包括综合专业估算公司的意见到设计中。估算公司越早根据相当准确度的图纸作出工程量的估计，也就越早知道整个工程的造价分布。因此有必要及早把各个专业施工单位的合同范围界定清楚，设备清单、技术要求规定清楚。

大型综合体项目的承包商、供应商超过达到几十家，甚至上百家，专业分工细致，施工方有硬景和软景、水景，土建、精装修、钢结构、玻璃幕墙等，供应商有艺术品、家具、石材、挂饰等。执行建筑师必须在施工图纸及文字上把不同承包合同的工作范围在合同文件中落实和无遗留地表达清楚。

承包商可能在工程施工过程中遇到很多的实际困难，承包商可能会擅自更改合同约定的个别条款进行施工。执行建筑师监督承包方，要求他们对设计的原意了解透彻后，按施工现场实际，深化施工用图纸，在施工前呈交给各相关顾问审批，执行建筑师综合各顾问意见后反馈给承包商跟进。

执行建筑师的主动角色不只表现在设计上，还表现在工程施工落实层面。执行建筑师需全程监测，让承包商的工作能够切实反映顾问的要求，定时视察现场，主导专项技术协调会，指导承包商解决在施工期间遇到的问题。

土建合同	机电合同	装修合同
总承包合同	燃气合同	室内精装修合同（商场）
桩基础及地下室开挖围护工程合同	消防合同	石材供应合同
园林工程硬景合同	冷水机组合同	架空地板工程合同
园林工程软景合同	电气合同	金属天花吊顶工程合同
水景工程合同	空调合同	瓷砖供应合同
特殊钢结构工程合同	升降机及电动扶梯合同	卫生间隔断及树脂板供应合同
停车管理、车辆引导及定位系统	楼宇中央管理系统合同	室内灯饰供应合同
垃圾处理系统工程合同	变配电系统工程合同	标识、标志牌工程合同
变形缝系统工程合同	弱电系统合同	五金供应合同
地震预警系统工程合同	水务工程合同	洁具供应合同
室外架空地台供应合同	给排水系统工程合同	地毯织物供应合同
幕墙提名分包合同	防火卷帘及电动挡烟卷帘合同	特种玻璃（防火）供应合同
楼宇维护系统合同	110kV内部装修及机电安装	家具供应合同
移动平台工程合同	客流量信息系统工程合同	家电供应合同
特殊灯光工程合同	通信设备工程合同	厨房设备承包合同
	影音系统工程合同	室内精装修合同（办公室）
	IT&T系统工程合同	室内精装修合同（酒店1）
		室内精装修合同（酒店2）

三、广州太古汇项目的执行细节

广州太古汇工程的设计,原意与最终的建筑实体之间的相似度很高,这是因为所有顾问的意念已尽可能有机地结合在一起。执行建筑师采取主动的统筹协调,提出跨专业思路,为各专业顾问指明解决问题的路向,有效地带领顾问团队去做各自专业的工作。

1. 玻璃幕墙设计

广州太古汇玻璃盒子的尺度宏大,内部为无柱宽敞空间,经过幕墙、结构、机电等一系列细致设计协调后,引入多项突破常规的设计,令灵动纤巧的设计原意最终得到实施。

2. 对整体通透效果的影响

文化中心40m高的玻璃盒子,结构设计的难题之一是固定高宽比很大的结构框架,像固定一连串火柴棒一样。在设计上既要不影响原来的轻盈通透的要求,又要满足桁架稳定性。为此,执行建筑师与幕墙顾问和结构顾问一起,平衡比选各种架构结构方案尺寸的组合,使这个特别的设计能够完美实现。

玻璃幕墙钢构件热阻较低,设置在玻璃以外

广州太古汇2

的室外部分,节能和抗变形的效果会较差,集中钢构件放在室内,会增加构件的外观尺寸。为解决这个两难的问题,需要跟幕墙、结构顾问就防水、保温、结构稳定性、施工维修可行性等问题进行分析比较,最终选出保证立面效果美观的设计,满足美观和节能要求。

3. 连贯的商业动线

针对10多万m²的商场体量而设计的十字形信道形成明显的行走轴线,轴线上一连串有很强方向感的椭圆形中庭引导客人逛游两边的商铺。地上3层地面上藏有结构梁的玻璃桥,使裙楼的南北两商业裙楼部分互相支撑。

4. 设计的适时修改

综合商业项目的招商工作与施工工作往往同步进行,因此经常需要急切修改设计以应对未来租户的要求,比如,在施工过程中地库原有的溜冰场被改成了超级市场和美食广场。执行建筑师和顾问为此紧密协调,分步和适时地完成设计修改,配合工地施工进度。

5. 节能设计

项目使用了大量玻璃,为减少玻璃可能造成的温室效应而加重空调负荷,执行建筑师、方案设计师、玻璃制造商反复研究和调试玻璃材料,选择

广州太古汇1

广州太古汇3

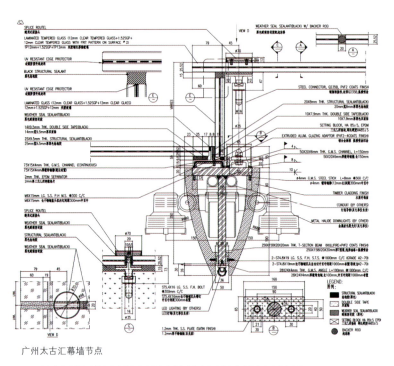

广州太古汇幕墙节点

广州太古汇4　　　　　　　　　广州太古汇平面图

玻璃彩釉点的密度，确保视觉上不影响玻璃的通透感，让通透设计理念和节能的效果能够得到实际的产品支持，同时让业主预知额外投资成本，以及可能节省电费的数量。

6. 交通流动设计

在综合商业建筑中，各类交通大动脉包括人流、车流、货流，甚至垃圾清运，涉及的范围包括电梯、楼梯、通道、消防、货运、商铺分布等，妥善的安排，可令商场看起来干净利落，运作起来有条不紊。连接到每个商铺的后勤通道，通过货运电梯和地库货运中心联系在一起，地库货运中心外围是足量的货车和小车停靠处、垃圾的储藏清运设备。

7. 办公楼设计

执行建筑师在办公楼设计协调中的内容包括幕墙、窗帘、防烟分区，空调位置，灯光、吊顶、架空地板等。执行建筑师把相关物料安装设计结合在同一张图纸上，核查各项设计的细节配合程度，预先看到方案实施的具体情况和实施尺寸。同时顾及吊顶的分格和设备分布灵活性，按不同租户租用空间而调整吊顶分隔，吊顶可在租户退租后无缝无痕地回复到原状，符合长远的商业招商需要。

执业实践与创新

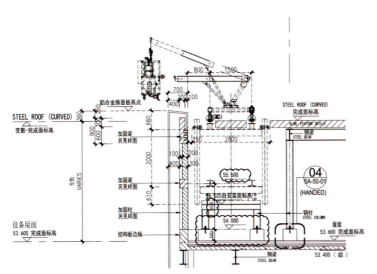

广州太古汇楼宇维修系统和外墙系统节点

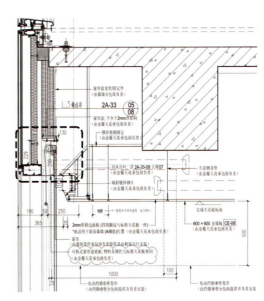

广州太古汇幕墙节点

广州太古汇5

8. 园林及绿化设计

三楼的绿化平台兼作超高层塔楼的消防疏散通道，也令所有使用塔楼和餐饮的客人都感受城市中留有绿化环境的舒适。园林设计除了可见的种植植物外，还需要一并考虑灯光、机电、楼梯、防水等可能影响视觉美观的但又必不可少的对象的具体位置。

9. 清洁维护

太古汇工程中使用了很多专业的清洁维护设备，部分重达两吨设备在架空石材上行走。为了让石材承受车辆的重量，需要用钢架承托石材以减少石材的受压变形量，并长期分毫不差地锚定带有拼缝的石材在指定位置。

在屋顶的弹丸之地，安排密密麻麻的楼宇维修系统和水塔等设备、架构，需要紧密地协调以保证建筑形象的现代感。

成都国际金融中心

四、成都国际金融中心的执行细节

成都国际金融中心是集商业、办公、住宅及酒店于一体的综合体，功能汇聚复杂性高，同样需要统合所有顾问的意念，确保项目的素质。

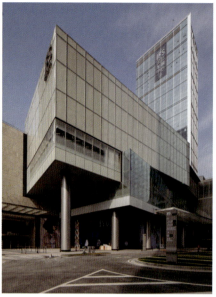

成都国际金融中心1

1. 裙楼与塔楼的连接

成都国际金融中心的设计强调商业部分与各个塔楼的联系，诱导各塔楼的人流到达商场。项目的首层、三层及七层设有办公楼入口大堂，与裙楼的商业及七层屋顶餐饮衔接。另一住宅大楼则于首层及三层设有入口大堂，住客可于三层经架空平台通往商场。各个大堂的连接除了设计上的配合和协调外，考虑机电排布、结构、抗震缝和精装修的充分结合，保持空间过渡的和谐及优雅。

成都国际金融中心裙楼的七层及八层设有酒店宴会厅及小礼堂等设施。酒店大楼除了在首层及三层设有入口大堂外，更于七层设有一条特色连桥，连接酒店大楼和裙楼内的酒店设施。执行建筑师与幕墙顾问和结构顾问一起比选多种方案，使连桥在设计上既考虑轻盈通透的要求，又满足桁架稳定性要求。

2. 特色幕墙设计

成都国际金融中心中的商场地上有8层，高50m。商场幕墙庞大的体量由多个错开的玻璃盒子组成，并配合内部空间的功能需求，突显各个空间的个性，入口的开敞空间，让客户得到舒适的购物体验。

由于幕墙系统种类及交接的位置繁多，连接细节多样，执行建筑师必须谨慎处理每个接口部分，以高质量的细节设计，令幕墙的细部更显优美。

四座塔楼功能各异，选用的幕墙材料不同，建筑幕墙装饰构件设计不同，执行建筑师需在幕墙的施工配合中，逐页逐份审批承包商的深化施工图纸，确保整个项目的立面设计反映和谐共生的原意。

3. 特殊空间的协调

成都国际金融中心内23万m²的商场有各式各种类的商店，同时包含多个尺寸及设备要求都有别于一般商店的特殊空间，如溜冰场、美食广场、电影院、画廊、概念店、酒店宴会厅及酒店小礼堂。执行建筑师一边统筹租户或业主的要求，一边领导顾问团队作出设计协调，于施工前整合一份能平衡各方要求的施工图纸。

以位于裙楼七层的酒店宴会厅为例，幕墙的设计需要配合商场和酒店的设计，需要同时特殊处理宴会厅内的各样结构、机电、影音、隔声等要求，充分考虑和预留才能应付将来多功能的用途。

4. 园林及绿化设计

为提供更多休憩空间，成都国际金融中心不但在首层的各个出入口前设立广场，而且在裙楼的三层、七层及八层设置广阔的绿化平台，向高空发展垂直花园，形成项目的第五个立面。

七层及八层的绿化平台兼作超高层塔楼的辅助避难层，令所有使用塔楼和餐饮的客人都能享受到繁华闹市中留有的休闲环境。平台花园中庭部分设有艺术廊，展出不同的户外艺术品。为了打造优美的绿化环境，需要执行建筑师统筹协调绿化平台的设备、树坑、水池的位置下方的商铺、园林的结构荷载等设计要求。

5. 商场精装修

成都国际金融中心室内商场希望营造高端及简洁的设计风格，执行建筑师和各设计团队的紧密协调尤其重要。即使最简洁的吊顶，也隐藏了错综复杂的机电管线、消防设备、防火卷帘、灯光、影音等配置装备。

由上述的细节分析可知，执行建筑师的丰富全面的经验、详细的项目计划、与各方面紧密良好的沟通与协调、对设计品质的持续追求、美观和工程品质的评判眼光，是打造优质综合商业项目的重要一环。

成都国际金融中心2

滨江综合社区的规划要素
——以扬子华都项目为例的设计探索

陈晓然

奥意建筑工程设计有限公司

设计团队：
项目负责人：马旭生
主要设计人：陈晓然　孙逊　陆珊珊　李之明　吴少宇　刘皓翔

一、设计思考

城市滨江社区一向被认为是城市中的价值地段，精品典范。滨江资源在城市中属于稀缺资源，再加上人居生活对水的向往，让很多项目的开发商和建筑师在研究滨江社区时，都绞尽脑汁，各出奇谋。

追求最大限度利用沿江水面是建筑师们常用的手法，也得到了开发商和购房者的认可。如在容积率适中的项目中，多采用临水区域布置低密度豪宅取得一线景观和价值最大化，然后在后面布置高层远眺水景，所谓登高望远；在容积率较高的项目中，将高层住宅尽量用长板式或折板布局占领最大的沿水面，让最多户型取得一线水景，获取销售利润最大化。

但是对于现在的城市发展，滨江社区逐步向高容积率、多功能组合、强调城市空间等多种要求的综合社区方向发展。前一种混合式的社区设计，它对城市空间、居住管理等其实是形成比较割裂和不协调的感觉，而且在高容积率要求下很难做到。而对于后一种如屏风楼式的设计，更是不符合现在人居活动中对所在城市空间的尊重和对自然的公众需求，忽视了城市空间的融合价值。为此，在做这一类型的规划时，建筑师一定要寻找最基本的规划要素，从更理性的角度去解决城市设计和社区规划问题。

位于长江边的扬子华都项目，是对滨江综合社区规划探索的有益实践，项目除对滨水社区空间进行有机的处理外，还对两个比较特殊的问题进行了分析解决。一是水景在用地的西北面，如何协调朝向与景观的关系；二是作为综合社区，地块包括住宅和集酒店、公寓、商业于一体的超高层综合体，如何让住宅区与综合体区形成空间形象呼应而管理使用区分，也是至关重要的。在整个设计过程中，研究方案通过提取四个规划要素进行分析解读，对最后的成果起到了确定方向及解决问题的作用，而设计最后所聚焦的四个规划关注点，也可成为日后滨江综合社区规划的指引。

二、项目背景

项目位于江苏省长江边的江阴市，用地在滨江要塞旅游区，紧靠主城区商圈。原来为旧船厂用地，西北向拥有良好的自然景观资源——长江以及江边的鹅鼻嘴公园，东南向是主要的城市交通干道——林荫大道，与市区联系便捷，城市展示面长而重要。项目从北往南分为A、B、C三个地块，其中A、B地块为居住用地，面积近10万m²，容积率在3.5左右；C地

图1 板点结合高层社区

块为商业综合体用地，用地面积约3万m²，建筑限高280m，容积率达到6.0。

作为一个集居住、办公、休闲、购物、商务于一体的高容积率的综合性项目（一般江阴的高层住宅区容积率为2.0~2.5），如何在规划条件下形成的高层高密度建筑体量中创造出合适的内部空间和外部形象，以及不同片区整体形象，是设计的难题。

三、前期研究

1. 研究方向

滨江综合社区规划很重要，希望通过规划合理处理好"城市空间"与"建筑形象"两大研究问题。同时，为了更理性地分析和具体化，研究将问题转换成四个规划要素——产品定位、住宅结构、商业模式、空间形态，进行过各种比较探讨，以求达到城市空间与建筑形象的最有机结合。这些问题和研究点对形成最后的规划指引起到方向性的作用。

2. 产品定位研究

首先重点研究"产品定位"，这是定性问题，也是客户经济账最关注之处。结合当地市场，提出了两种住宅的方向，一种是纯高层社区，满足容积率要求，同时和超高层综合体区形成良好的城市关系；另外一种是高层+别墅社区，以北侧沿江设置高层看景，内部设置别墅造景，作为城市别墅靠近城市商圈，在减少容积率、保证利益的前提下形成产品差异化。

通过市场调研和设计沟通，规划确定以经济考量为首要点，在满足容积率的前提下将项目产品类型定位为滨江高层社区。

3. 城市界面与城市机能

其次是通过两个研究点，"住宅结构"解决城市界面问题，"商业模式"解决城市机能问题，探索项目定量分析。

第一，考虑沿江面的视线通透性和后排住宅的景观渗透性。规划尝试沿江界面以点为主，以板为辅，让视线和空间更多地与城市发生关系，尊重城市空间和形态，让江景渗透到城市肌理中。另外，将沿江住宅按基本正南北摆放，与江面形成一定的角度，既与上面所说的城市空间处理原则一致，又减少江风的气候影响，还满足当地的日照和生活习性。在沿林荫大道方面，规划将居住建筑带以一定角度顺应道路摆放，让内部庭院更多地向城市干道开放，减少对城市界面的压力。

第二，对于商业部分，规划理念强调地块之间的业态互补和空间融合，提出高层社区+特色商业街+超高层购物中心的定位，将中间的商业街作为过渡联系空间，将住宅区与超高层综合体更自然地联系起来，也将滨江公园与城市空间串联起来，形成多元而丰富的城市空间。而住宅也因为附属商业的独立设置，形成更佳的内部环境和管理效果。

图2～图4 多种空间方案比较

宅区的品质同时充分利用用地，超高层综合体特色化，通过室内外空间的融合，打造新型的开放式商业综合体的定位。住宅区规划细节，重点考虑"空间形态"，从建筑形象、空间构成和景观互渗等方面去设计比较。

为了进行更合理的形态比较，采用三种不同的布局进行研究，两种以点式高层为主，利用点式错位，形成高层区看江最大化、内部庭院多样化、多层次的效果；另外一种是以沿江点式错位，沿城市板式布局，形成江面空间舒展、城市面整体、内部庭院空间最大化的效果。

通过比较以及与开发商的研讨，最终的方案形态是建筑尽量沿用地周边布置，保证庭院空间最大化，形成大社区的优势空间，以板为主、点为辅结合，形成丰富的规划肌理和秩序感，利用中间形成的花园的轴线关系串联三块用地，将其更整体化。

图5 总平面图

经过深化，规划确定了整体的居住规划结构和综合体商业互动模式，将设计带入更细致的考虑中。

4. 空间形态比较

最后，要研究在前期确定的功能分区纯粹化的规划原则下，确定以底商与高层住宅结合，保证住

图5 鸟瞰图

通过这样的研究方式，从确定研究要素审视规划过程到逐步将规划问题分步分主次解决，最终形成符合多方需求的方案，是一个很值得推荐的规划方式。

四、设计方案

通过上述的规划研究过程，最后的设计方案以下面四个规划理念来统领整体规划设计，体现滨水综合社区的特点：

- 充分利用土地，实现各功能最优组合，充分发挥综合社区各项功能的协同，并塑造具有滨江特色的城市休闲开放空间。
- 与滨水文化结合，塑造优美而有特色的滨江天际线，打造滨水建筑群形象。
- 充分利用外部自然景观资源，外部景观价值最大化；充分打造大尺度的内部庭院，内部景观价值最大化。
- 以"多元化"的产品和空间组合，激活社区的活力，满足人生活的多层次需求；用科技的手段，实现环保、节能、生态的"健康生活新模式"。

A、B两个地块之间南北景观轴线联系，高层住宅点板结合，围合形成中间大尺度景观庭院。沿江布置点式住宅为主，将西北面沿江开阔视野和东南面优美的庭院景观纳入，沿林荫大道以板式住宅为主，同时享受中央庭院景观和东面黄山湖公园。

C地块包括一栋280m超高层综合体、一栋100m公寓，通过底部4层商业连接。作为临江的标志性建筑群，建筑以"风帆"和"水波"为主题现代、大气、有品位，突出建筑的标志地位。并从江景及风荷载等影响考虑，塔楼采取三角形平面布局方式，一方面使得江景景观最大化，另一方面有效地消减超高层建筑顶部风荷载和影响，并且尽量减少对周边建筑的日照

图7　A/B区沿江透视

影响。裙楼商业以柔化的界面结合退台沿基地东西向展开，将两座塔楼有机联系，形成完整的建筑形态。

五、总结思考

扬子华都项目是一次对滨江综合社区，从规划到建筑的全方位设计研究。通过对城市、市场和建筑等方面的思考，形成三者最佳组合的方案。对于滨江综合社区规划而言，应该重点解决"城市空间"和"建筑形象"两大问题，采用"产品定位、住宅结构、商业模式、空间形态"四个要素进行问题分析和推进，并以下面四个原则作为规划指引：

● 产品定位的合理性。作为开发型项目，客户将产品对经济利益的影响放在第一位，这样就要求建筑师对宏观经济形势和当地市场情况等进行全面的考察，把产品类型定位在研究初期就确定下来，让项目更好地落地开展。

● 城市界面的开放性。作为获取城市最佳资源的滨江社区，规划一定要考虑江面与城市空间的互动、建筑的开放，通过点式沿江建筑的错位和转折摆放，更容易形成开放渗透的效果，这也是建筑师对城市的尊重。

● 功能模式的互动性。作为综合体项目，其各功能的组合和互动是综合体日后持续发展的优势，但对于居住部分和商业部分需要进行适当有效分隔，加以区分管理，这样才能保证居住的品质。这也是在规划分区中需要重点考虑的。因此，互动性一定是针对开放性功能要充分打开空间，对于私密性功能注重独立感。

● 景观空间的渗透性。在大型滨江社区景观空间处理上，要考虑通过大空间大围合的方式创造出一定尺度的大庭院，体现大型社区的独有优势，同时也可以通过建筑的错位和小围合，形成与江景与城市的渗透，以大中心庭院与小组团庭院的设置，丰富景观空间。

蛇口再出发
——蛇口网谷城市更新设计

万力　徐衍锴
奥意建筑工程设计有限公司

设计团队：万力　徐衍锴　杨志
　　　　　殷明　罗蓉　刘发令
设计时间：2011年4月~2011年12月
竣工时间：2013年
工程地点：深圳市南山区沿山路工业区

主要经济技术指标
总用地面积：51887.18 m²
总建筑面积：180470m²
建筑容积率：2.58
建筑覆盖率：42%
绿化率：35%
建筑高度：30~50m

一、蛇口印象

曾经的蛇口是个工业小镇，厂房仓库集装箱是城市形象的代名词。"时间就是金钱，效率就是生命"的口号见证了蛇口前30年的发展。如今的蛇口已然变成一个乐活的宜居小镇，也是一个慢生活的休闲地。异国情调的海上世界，悠闲浪漫的酒吧街，繁忙与休闲交相辉映的蛇口港，环境优美，此起彼伏，使得它与深圳中心区有着不同的肌理语言、尺度感受及行为节奏。我们的设计就是从这里开始的，从蛇口的悄然变身开始！

二、项目概况

1. 项目背景

改革开放30年，蛇口城市结构不断更新以适应产业发展，和许多旧工业区一样，蛇口面临着许多需要通过升级转型才能解决的问题。按照互联网战

略性新兴产业发展规划，结合老工业区产业升级的内在需求，蛇口工业区与南山区政府正在联手打造"蛇口网谷"互联网基地项目。本项目作为网谷的重要组成部分，对于实现"蛇口网谷"的总体定位与目标具有重要的意义与作用。

2. 项目区位

大南山脚下，南海大道东西两侧的沿山路工业片区，集中了加工制造业的传统厂房，也有近年来新建的部分科技厂房、配套办公设施。项目基地位于蛇口沿山片区内，工业五路及南海大道路段。场地与工业五路及南海大道均有一定的高差，其中二期与工业五路的高差将近5m。合理利用高差创造出特色的建筑形式和城市空间成为项目的难点和亮点。

三、规划布局

南海大道是南山区南北走向的一条重要交通干线，不断增长的交通量使得拥堵现象频发。特别是进入蛇口的一段，沿街面也被第二产业的工业厂房占据得严严实实，缺少对城市的开放空间。因此，整个项目规划布局的原则是新建筑将不再蚕食原有的城市空间，通过退让来为拥挤的南海大道营造出城市缓冲空间，尝试用第三产业的建筑形态植入原有工业肌理，以此来激发城市空间的再出发。

整个项目分为四期，一期为保留建筑改造，已经完成并投入使用。这次设计的任务是二、三、四期的整体规划与建筑设计。二、三、四期由9栋塔楼组成，通过连续的带状开放空间将9栋塔楼联系在一起。开放空间由建筑群自然形成，结合内部流线收放空间节点，入口处通过建筑的退让适当放大，强化片区入口形象。同时建筑的退让打通了视线通廊，使得新建筑不再是场地之间的固体隔断，为自然元素互通对话提供了媒介，为人们的活动提供了载体。

四、二期设计——3A网谷

蛇口网谷是一个融合高科技与文化产业的互联网及电子商务产业基地，是蛇口产业再出发的代表。所以它应该是具有独特个性的新城市形态，是有吸引力的城市公共空间，是升级版的精英聚集地。以此为起点，形成了二期整体设计理念——3A网谷。

1. Active：为蛇口整体城市形态注入新活力

在规划布局上三栋三角形塔楼平行布置，提升了这一地块的视觉性和空间整体性，打破原有旧厂房的矩阵排布，引入与用地周围城市内容具有差异的空间形态来激发新的城市工作状态，进而带动老工业区的蜕变。通过新的城市肌理来为蛇口整体城市注入新的活力。

3A网谷概念生成

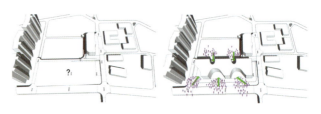

它需要怎样的建筑？　　　　有吸引力的空间

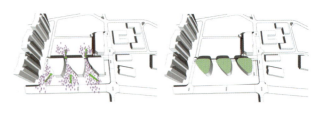

开放的空间　　　　　　　　流动的外形

让人驻足的平台空间以及平台　　平台上下共享自然与阳光
之下的灰空间

2. Attractive：为工业区提供吸引人驻足的空间

场地与工业五路的高差既是这个项目的挑战，也是设计灵感的契机。通过由工业五路延伸出来的平台串联建筑群体同时解决场地高差，平台之上回馈城市公共的开放空间，平台之下为城市提供配套及绿化服务成为活力灰空间。场地面对城市完全开放，模糊了城市景观与建筑景观的边界，以此表达新蛇口新产业开放的态度。

3. Advanced：为客户提供升级版的企业空间

三栋塔楼两两之间形成内部庭院，提升了企业的办公环境，创造了宜人的交流空间，使得建筑从环境对话的阻隔转变为载体。相同的建筑母题元素在秩序中求变化，从而达到极富视觉感染力的艺术效果，诠释了"蛇口网谷"的时代意义。塔楼内部每隔两层设置绿化边庭，外部各个方向设置观景阳台，在屋顶设置屋顶花园，为人们创造了公共休闲的空间，为山海对话设置了空间场景。

五、结语

先行先试，不断探索，始终贯穿着蛇口的发展。蛇口网谷的设计就是蛇口城市更新改造过程中的一种探索性尝试。城市结构在产业结构的调整中更新发展，蛇口的内涵也在慢慢改变。蛇口的第二个30年发展，一定与过往不同，这是一条漫长而又充满希望的道路！蛇口再出发！

鸟瞰图

珠生于贝 贝生于海
——BIM技术在珠海歌剧院项目中的应用

黄河
北京市建筑设计研究院深圳院

北京市建筑设计研究院深圳院，近年来在复杂形体和综合性建筑的专业协同、同步设计等领域进行了多样化的实践，在深圳宝安国际机场T3航站楼等大型公建项目中均不同程度地运用了BIM系统作为工作手段，珠海歌剧院这一项目更是将BIM系统作为核心平台，旨在从设计到施工的各个方面为建筑的全生命周期提供最适宜的解决方案。

一、项目概况

珠海歌剧院地处广东省珠海市野狸岛人工填海区，是野狸岛新填海区的核心建筑。无论从香洲湾到野狸岛，还是从珠江口到情侣路，在各个角度看歌剧院都是视线的中心。珠海歌剧院总建筑面积59000m², 包括1550座的歌剧院、550座的多功能剧院——以及预留室外剧场和旅游、餐饮、商业服务设施等。作为我国第一座海岛剧院，珠海歌剧院的定位是高雅的文化艺术殿堂、闻名的文化旅游胜地。她的意义不单是建造一座高品质的剧院，而是为珠海这座城市创造一个具有原创性、地域性和艺术性的标志性建筑。

珠海歌剧院建筑方案的创作构思源于大海，用地的总体布局形似从海中升起的美丽鱼鳍烘托着纯净的双贝造型，又如海潮退去，浮现出海纳百川般的日月形象。形成"珠生于贝，贝生于海"意境，对珠海市的历史文化底蕴作出了恰如其分的诠释。

歌剧院观众厅设计构思取意于傍晚时分，海面与天空渐渐融合深邃，星空渐起，海滩被夕阳染成一片金黄，苍茫的海平面已经宁静下来，仿佛正在等待着一场华丽乐章的响起。通过这一精心设计的歌剧院色彩氛围，并巧妙运用色彩的退晕和对比，既满足了舞台台口区颜色较暗的原则，又把从天篷到地面演变的景象自然地展现出来，这一环境空灵而震撼，与演出前的候场氛围十分统一，同时也使珠海歌剧院获得了独一无二的室内艺术环境。

二、项目难点

1. 空间复杂：剧场内复杂的曲面空间，结合了感官效果、声学、舞台照明、空调等各个专业的不同要求，事实上，观众厅内的复杂曲面不仅是设计意图的表达，同时也要将观众厅设计中的反声板、声扩散体、耳光、面光桥等功能性设施结合到一起。

2. 设计总包：对于这样一个高难度的剧场设计，我们特聘请了荷兰的KUNKEL公司作为剧院舞台机械领域的设计顾问，澳洲的MARSHALL DAY作为剧院声学领域的设计顾问，英国的Speirs and Major照明设计公司作为整体照明设计的顾问，日本的GK公司作为标识系统的顾问——以及承接过国家大剧院外幕墙的珠海晶艺幕墙公司作为建筑屋面及幕墙系统的设计顾问。如此复杂的专项设计阵容，如何在满足工程进度的同时与全球顶级的剧场专项

观众厅厅室内效果图

设计团队进行频繁而密切的配合与协调，这是对我们工作平台的一大考验。

3. 结构安全：珠海歌剧院的主体建筑集中在海岛建筑环路的内侧，建筑最高点高度达到了90m，贝壳除标志性造型外，还为剧院提供竖向交通空间。虽然建筑自身的采光、通风环境十分优越，但对于珠海这一海滨城市，台风、潮湿空气的腐蚀和污染是对结构设计的重大挑战。

三、BIM在建筑设计中的典型应用

在剧场的设计过程中我们运用软件来帮助实现参数化的座位排布及视线分析。借助这一系统，我们可以切实了解剧场内每个座位的视线效果，并做出合理、迅速的调整。根据座椅的设计尺寸，以单元的形式整合到模型中，可对每一个座椅的间距、尺寸等进行即时的调整，并结合通用人体模型——模拟视线。软件可以根据建筑师的要求自动生成各个角度的模拟视线分析，通过视线分析模拟，建筑师可以直观地看到观众视点的状况，从而逐点核查座椅高度和角度，进而决定是否修改设计。根据参数化模型可直接生成视线分析表格，在参数化的辅助下，高达1550座的视线分析（这几乎是不可想象的工作量），都可交由参数化软件模拟，不仅提高了效率，也降低了错误率。

在BIM系统的统一设计平台下帮助下，各阶段都可以与各专项设计团队紧密同步，并共享设计成果。这一模式大大加快了设计的效率，同时避免了各团队之间由于沟通问题而产生的失误与返工。在剧场专项设计过程中，BIM系统可以帮助我们对舞台设计中的面光、耳光、追光的角度和投射面进行即时的模拟，既减少了工作量，也提高了工作效率。

对于观众厅来说，吊顶板声学设计非常重要，要满足一次反射声的要求，并能够最大限度地扩展观众厅内的混响时间。针对剧场内表皮模型的复杂性，借助BIM平台和Odeon声学软件，可以在很短

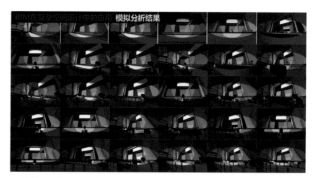

视线模拟分析

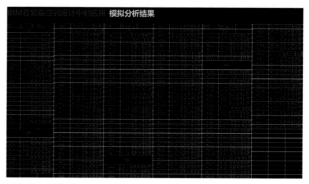

视线模拟分析结果

的时间里建立完整的声学模型、模拟并纠正模型中的问题，并反馈到设计师手中。

声学模型的意义

在整个观众席区域所有网格点（1m x 1m 的网格）的计算结果显示了声学参数随空间位置的变化，用彩色图来显示这些计算值可以清楚地表示声学参数在座位区域的分布。

下页左图显示了频率为1000Hz 时观众厅内混响时间的分布，混响时间的变化范围是0.8s～1.8s。在一个声扩散空间内，混响时间的分布是均匀的，中图显示了频率为1000Hz 时EDT（早期衰减时间即人们对一个房间混响时间的感受）的分布。EDT 的变化范围为0.8s～1.8s。可以看出池座后部和楼座看台的观众席处具有较低的EDT 值（图中的深色），这一结果表明这些观众席处的声音将具有较低的丰满度和混响感。右图显示了模型中两个对清晰度来说至关重要的区域。在池座的中央位置颜色很深，表明该区域的声音具有较

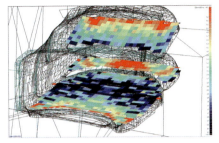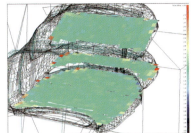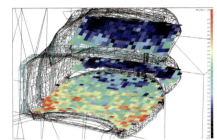

观众厅厅声环境分析

低的清晰度，这也表明该区域接收到的早期反射声较少而较多地暴露在混响声场中。根据这些建议，我们不断地修改室内模型的造型，以便更好地满足观演的需求。

我们在BIM模型内建立了一套反馈机制，生成从声源到反声板再到观众区的一套计算模型。在这套反射模型中，通过调整反声板的角度、大小、高度等数据，确保来自声源的声音能够准确地落在观众席上。最终将反声板整合到观众厅内表面模型中，并由Odeon声学软件进行验证。

BIM系统在建筑结构形体的塑造方面也体现了不可替代的作用。建筑造型的缘起，选择了寓意珠海历史与文化的双贝形象。歌剧院的观众厅和主舞台、后舞台都涵括其间，建筑造型纯净而自然，通向歌剧院上部楼层的交通系统完全设计在贝壳区的钢结构之间，走在楼梯上，观众既可以通过玻璃和细目金属穿孔板欣赏室外的阳光、大海、景观绿化屋面，又可以透过室内的细目金属穿孔百叶，欣赏观众厅球体及贝壳的优美造型。

为了抵抗沿海潮湿气候的腐蚀，贝壳的内外表皮以及钢结构均采用亚光白色氟碳喷涂涂料RAL9016，外层表皮采用双银Low-e玻璃，外衬细目金属穿孔板组合成鲨鱼鳃裂式的造型。白天整个建筑洁白而纯净，同时又能过滤多余的光线；夜晚灯光从表皮中散射出来，观众厅的球体和螺旋渐开线的天篷隐约可见。建筑裙房为配合整体建筑的完整性，均消隐在景观绿化的坡地之下。在结构上，最大的挑战在于大剧场钢结构顶标高为90m，水平投影长约130m，宽约60m。如此高耸的结构体系矗立在填海区的沿海小岛上，其难度可想而知。

作为支撑整个剧院外形的钢结构贝壳体系，对结构专业而言，无论是其高度（最高点90m），还是其复杂的受力系统，都是前所未有的挑战。BIM系统的应用，解决了设计过程中一系列的问题。

在整体的设计过程中，基于合理的成型原理，采用参数化脚本程序完成控制曲面到杆件布置，为结构计算生成规律的计算模型。如此，不仅能够针对当前设计阶段，将模型进行数据化，并且能够建

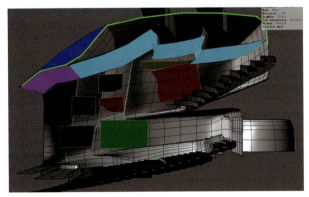

观众厅厅内表皮调整前

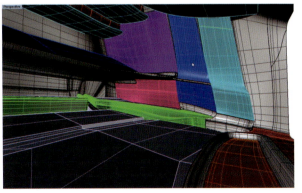

观众厅厅内表皮调整后

室外透视

钢架间透视

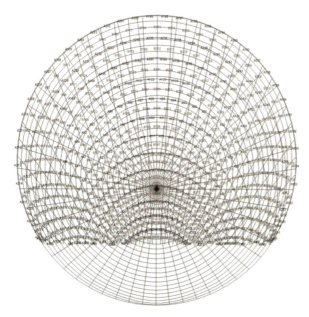

数据化模型

立符合各设计阶段要求的数字化模型。

同时，通过Revit软件的碰撞检查，设计团队能够在复杂的结构模型中轻松发现设计中不合理的部分，为整个工程争取更多的协调时间，并且在早期控制成本、解决问题。

关于管线综合方面，依靠BIM系统的优势可以将Revit文件导成mwc文件，在Navisworks中选择需要碰撞的构件并生成THML格式的碰撞报告，直接索引到Revit总模型中打开生成的局部三维模型，在其中找到相应的构件，调整管线。

四、总结

珠海歌剧院项目具有较高的复杂性，包含了幕墙、钢结构系统、观众厅部分、内部支撑结构、管线综合等各个方面，基于Revit软件的通用性以及便捷性，确保了各个设计阶段良好的实用性，同时保持与各专业之间紧密的联系及反馈机制。我们希望能够在建筑设计的全生命周期里运用BIM系统为各专业提供精准的可视化模型。在同一个平台下，构建综合信息模型，这是在BIM系统平台上对大型复杂建筑的一次初步尝试。

项目全程控制与限额设计
——深圳市青少年活动中心设计过程

刘杰
北京市建筑设计研究院深圳院

深圳市青少年活动中心作为深圳青少年德育中心、深港青少年交流中心、大家乐文化中心和青少年素质拓展中心、青少年社团总部，将建设成为与国际化创新型城市相适应的公益性、综合性、现代化，面向全市14～28岁青少年服务的社会教育绿色基地。

项目用地北临红荔路，东临红岭路，南面是荔枝公园。建设用地1.96ha，建筑面积3.82万m²。主要功能有展厅、多功能活动厅、排练厅、会议室、培训教室、大家乐舞台等内容。

主楼建筑呈围合状布局，东西长126m，南北长87m，建筑物朝向城市主导风向敞开，通过建筑东北角、西南角起翘及内庭院的设置，兼顾荔枝公园与城市的连接。大家乐舞台独立建于用地西南侧。

本项目设计有两大特点：一是设计总承包。除了完成项目的建筑设计外，还负责造价咨询、基坑支护设计、精装修设计、幕墙招标图、绿化景观设计、室外及泛光照明设计、舞台机械设计等方面工作的委托、控制与协调。二是限额设计。深圳市发展与改革委员会项目概算批复后，工程总造价没有任何突破的可能。

经过三年多的努力，所有的设计工作基本完成，项目已开始进入施工阶段。能够全过程控制一个项目的设计，最大限度实现建筑创意的初衷，是每个建筑师难能获得的机会。而工程造价的限制，需要设计人员具有更高的职业素养与能力，在限额

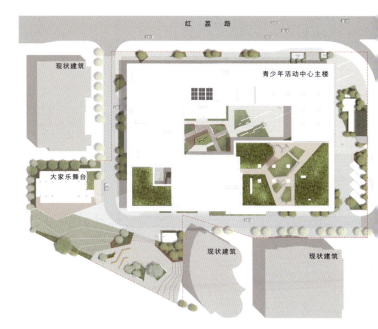

图1 总平面图

设计的前提下，达到预期的使用目的及建筑效果。

2010年10月方案中标后，进入到方案调整阶段。因为项目用地红线内地面上有地铁3号线A出口、9号线B出口及两条线路的风亭组，地面下有两条线路的换乘通道。这对本项目的实施造成重大困扰。为了更好地协调与地铁线路的关系，经过多方努力，在方案深化阶段基本达成了如下共识：将3号线A出口及一部分风亭组纳入青少年活动中心主楼的建筑中；不便移位的风亭组结合后期景观设计进行美化处理；用地东北角换乘通道上方，青少年活动中心主楼采用悬挑方式。

在深化方案后期，又因为造价控制的原因，将

图2 青少年活动中心主楼鸟瞰

图3 大家乐舞台

图4 主楼

原有3层地下室改为1层，原有室内剧场，改为室外大家乐舞台。

2011年底，为了确保项目纳入深圳市发改委年度投资计划，第一版初步设计仓促出图。之后，根据业主的功能使用需求的变化，初步设计进行了较大的反复，2012年8月，第二版初步设计终于完成。

在项目进行到施工图设计阶段，各分项的设计工作也全面展开。作为设计总承包单位，我们与其他分项设计单位明确了如下的控制原则：坚持立意的原则、达成共识的原则、多方协调的原则。因为是限额设计，在各分项设计初始，即把每一分项的工程造价加以明确。

建筑设计的最初创意是把青少年活动中心比喻为一片培育新芽的沃土，室内精装修设计的创意是青少年在这里展开理想之翼。两个立意的结合，更好地诠释了建筑特点。我们还关注了室内装修材料及细节处理上与建筑设计、景观设计的协调。在低造价的条件下，我们对室内装修提出的要求是突出设计感。几经修改，精装设计方案得到多方认可。

建筑的造型现代、轻盈、活跃。景观设计的原则是以"绿"柔化建筑的硬朗，给人以自然之美。我们十分注重室外活动空间的营造，将人的活动范围从室内延伸到室外。景观设计提供了可让青少年参与涂鸦的景墙，契合建筑创意。为确保安全性，我们提出沿建筑外墙的周边设计绿色植物，避免外窗开启扇对人的影响。

泛光照明在原概算中仅有50万元的造价。为了能够得到较好的夜景效果，我们协调了室外与景观工程的设计，从中结余出部分费用，用于泛光照明。同时提出了沿东侧、北侧城市道路的两个建筑立面为主，其他部位为辅的设计原则，有效利用了仅有的成本。针对泛光照明灯带对建筑立面造成不利影响的问题，我们提出了合理的建议。

我们委托专业公司进行幕墙设计，并把其视为立面深化的一部分。穿孔板幕墙是本项目的特点之一，如何控制板缝的对接，如何更好地与建筑主体衔接，是建筑设计最为关注的问题。我们首先将设计意图、预期效果对幕墙设计公司交底，在设计过程中召开多次协调会，幕墙的设计从支撑体系到细部构造节点，均体现了我们的立意。

本项目建筑安装工程总造价为22895万元，包括旧有建筑（3栋楼，共计1.12万m²）拆除，基坑

图5 主门厅视点一

图6 主门厅视点二

图7 培训门厅

图8 多功能活动门厅

支护、土建工程、内外装修工程、机电安装工程、场地三通一平、室外管网拆迁改造工程、道路、绿化景观、泛光照明等等所有建设内容。工程造价平均每平方米不足6000元。

第一版施工图完成后，经造价工程师计算，工程建安费超出概算约3000万元。建安费超概算过多，就无法进行施工总承包的招标。作为设计单位，我们要无条件的优化、修改设计内容，控制工程造价。

经过分析与梳理，汇总出超概的主要原因为：由于结构超限，抗震设防及安全等级提高标准；项目的功能使用需求有所增加；消防审批后，增加了更严格的防火措施；人工材料涨价因素等。

第一轮的工作首先是分解超概的每项设计内容，在满足规范与使用功能的前提下，对设计进行优化与修改。建筑专业在整个过程中发挥了协调作用，与业主沟通建筑使用功能的统筹安排，与代建方（深圳市工务署）细化建造标准。第一轮设计整改后，降低造价1200余万元，但还超出概算1000多万，问题没有得到根本解决。

地铁3号、9号线的换乘通道位于本项目用地东北角，造成结构柱在此范围内无法落地。建筑东、北两个方向在此处悬挑26.4m。减少悬挑跨度无疑是降低造价的有利途径，建筑专业首先要创造条件。我们进行了多方案比选，最终汇总各方面意见，采取了增加斜撑的方式，使悬挑减少到18m。经过结构专业的努力，重新修改了此部分的钢结构设计，降低造价1000多万元。

深圳青少年活动中心项目面积不大，但头绪颇多，设计过程起起伏伏。我们除了要满足业主方的使用需求，还要达到代建方对工程建造提出的要求。用地内的两条地铁线路，给项目带来了交通上的便利，但在设计过程中与地铁建设方进行了许多艰难的配合工作，加上我们对分包的7家设计单位的控制协调工作，也正是这样多方配合的设计，锻炼了我们设计团队的全局把控能力。

图10 室外活动广场

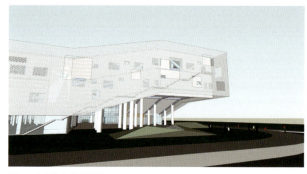

图11 东北角起翘原设计

图9 屋顶花园

图12 东北角起翘增加斜撑设计

浅谈超高层城市综合体的设计特点

马自强
北京市建筑设计研究院深圳院

在经济高速发展的中国,城市综合体如雨后春笋般涌现。本文作者希望通过2006年至今参与深圳市中洲控股金融中心(以下简称中洲控股中心)的全过程设计及建设服务经历,浅析超高层城市综合体的设计特点,抛砖引玉,借此与设计同行共同分享与交流,积累与总结经验,为同类型建筑的设计提供参考与借鉴。在设计层面上最大限度地减少项目建成后出现的各种遗憾,乃至避免投入使用时间不长就被拆毁的命运。

所谓城市综合体,就是将城市中的商业、办公、居住、酒店、展览、餐饮、会议、文娱和交通等城市生活空间的三项以上进行组合,并在各部分功能间建立一种同生、共存和互助的关系,形成一个多功能、高效率的综合建筑体。中洲控股中心位于深圳市南山商业文化中心区,由甲级办公和五星级酒店的300m主楼、高级商务公寓的160m副楼,以及配套裙房组成,建筑面积约23万m²,属于较为典型的超高层城市综合体,具有以下几个设计特点。

中洲控股中心效果图

一、在设计之初就需要充分理解整个城市及所在区域的总体规划,在尊重总体规划和建筑本性之间找到设计的切入点

超高层城市综合体一般位于城市的核心地段,在设计中需充分考虑其与城市整体的关系,既要体现建筑本身的特性,又要有机地融入整个城市群体中,在尊重城市规划和建筑本性之间找到切入点。中洲控股中心位于深圳市南山核心区域,作为商业文化中心区的收官之作和南山区的制高点,承担着区域乃至城市标志性建筑的使命。设计过程中,我们结合项目所在

中洲控股中心总平面图

主楼与副楼

建设实景照片

片区的总体规划、交通组织，以及城市的空间、视线和轮廓线等因素，同时考虑项目与城市连接的顺畅性和主楼的标志性。把160m的副楼布置在东北角，长边朝南向海；而把300m的主楼布置在西南角，位于43层的酒店空中边庭朝东面向深圳的城市中心，并可眺望远处的香港，自然而然地成了城市的地标。如此，既可在区域内形成良好的城市空间关系，又能形成完整而有层次的城市轮廓线。

超高层城市城市综合体包括多种不同建筑功能，进出建筑物的人流量大而且复杂，故需对项目周边的交通状况进行详细的调研和分析，并评估项目对城市交通的影响，以此作为条件对项目内的交通进行组织和分流，设置连接市政交通的出入口，减少对城市交通的影响；组织和分流不同的步行人流，让使用者可以很便捷地进出建筑。在中洲控股中心的设计中，我们深度读解了《南山商业文化中心区城市设计》和《南山商业文化中心核心区城市设计》的要求，对该区域的现状机动车及步行交通进行了现场调研和分析，并委托进行了项目的交通影响评价。充分利用商业文化中心区的二层公共景观步行街及用地内规划要求约4000m²的城市公共空间，在主楼北侧的二层步行街设置办公主出入口，同时在首层西侧设置VIP临时落客区和次出入口；酒店主出入口设置在南侧，直接面向片区统一规划的城市景观水景，通过高速穿梭电梯直接到达43层的酒店空中大堂；而副楼的公寓出入口设置在东北侧较为隐蔽之处；主、副楼之间的裙房做架空设计，形成半室外的公共灰色空间，用大台阶及自动扶梯把北侧的景观步行街和南侧的城市景观水景连为一体，同时作为人流密集的宴会厅的出入口。北侧二层城市公共空间下方作为项目的机动车主要出入口、地下车库的主要出入口和后勤服务出入口，大部分机动车可由二层步行街下方的海德二道快速进出地下停车库；同时在场地东侧的文心三路设置机动车出入口、西侧的后海大道辅道设置机动车出口，酒店和商业的少量临时车辆和办公的VIP车辆通过此进出，在满足本项目使用要求的前提下最大限度减小对城市交通的影响。

二、在设计中要解决好建筑不同的建筑功能分区和内部的横竖向交通，让整个建筑物高效运行

超高层城市综合体包括多种不同的建筑功能，它们之间存在着同生、共存和互助的关系，功能多样和人流量大，需求各有不同，但又密切联系。其设计要点和难点是合理布置各个功能区，并建立联系，在建筑内部很好解决不同人群的不同活动需求，同时满足他们的视觉、感知和体验需求。

分析不同功能之间的相互关系，进行归类，把功能相近、需要密切联系的在平面或竖向放在一起，而相互有干扰的建筑空间分离设置。然后再分析同一功能的内部交通、不同功能区之间的水平交通或竖向不同功能之间的跨区交通，在设计中深度理解不同功能的需求及相互关系，对内部交通进行合理高效的组织。在满足使用需求的前提下可以最大限度减小交通面积，提高建筑物的有效使用率。电梯配置的数量、速度和载重量是超高层建筑垂直交通的主要因素；同时需进行交通指示识别系统设计，使进出建筑的人能很便捷地到达自己想去的地方，这些都是我们的设计重点。

在中洲控股中心设计过程中，我们通过对不同功能的分析，将五星级酒店的空中大堂、餐厅及客房设在主楼200m的上部，首层礼仪门厅和空中大堂之间设置3部高速穿梭电梯，同时可到达裙房的酒店各楼层，再由4部观光电梯由空中大堂抵达各客房各楼层；还设置了3部酒店专用服务电梯到达酒店各楼层。主楼200m的下部为国际甲级办公楼，划分为低、中、高三个区，分别设置3、6、6部客梯从二层大堂到达办公各楼层，另配置1部服务电梯。酒店和办公分别设置2部地下室转换电梯连接入口大堂，解决地下与地上的竖向交通，提高主楼电梯的运行效率。主楼的设备、避难层设在13、27、41（42）和61层，部分楼层同时兼作为结构的加强层。34层的豪华商务公寓副楼划分为低、高2个区，避难（设备）层设置在4层和20层，各自分别设置4部和3部客用电梯，以及2部服务电梯，到达各楼层，交通较为独立。裙房为酒店宴会、会议、娱乐及商业等配套，分别设置独立的电梯和扶梯来解决竖向交通。各种功能联系密切而互不干扰，交通组织清晰明了，同时对不同功能区进行标识系统设计，让进入建筑物的人很容易知道身处何处，也很清楚如何可以到达想要去的地方。

三、在设计中常遇到不能完全满足现行规范要求或现行规范不能涵盖的现象，需要进行性能化设计及专家评审

建筑设计执行规范因受编制时间及其需覆盖范围和地区不同等因素限制，会出现跟不上建筑及其设计日异月新的发展的需求。在超高层城市综合体等复杂建筑的

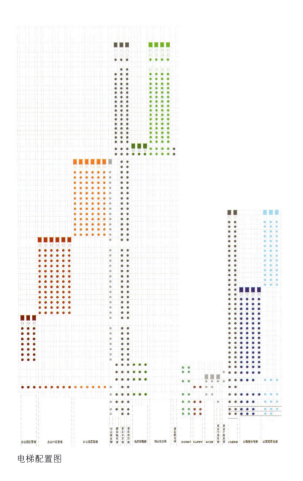

电梯配置图

设计当中常常需要通过性能化设计及专家评审论证来解决此类问题，并采用各种新的手段和方式进行设计。

我们在中洲控股中心的43层（200m）高空上设计了一个70m高的酒店共享边庭，外墙为竖向拉索、横向水平桁架钢结构吊挂式点支承玻璃幕墙，白天跟主体幕墙效果完全一致，而夜晚通过室内泛光塑造出晶莹剔透的玻璃体，使之成为整个建筑的视觉焦点，也将成为城市一道风景线。据我们了解，在国内现在还没有类似的案例。要实现这个建筑功能与效果，建筑节能、结构、空调和消防等方面给我们的设计提出了艰巨的挑战，这是本项目的最大亮点和难点之一。

酒店边庭位于200m的高空，高空风压大，边庭空间体积近3万m^3，外幕墙面积近2000m^2，其消防和结构的安全成了我们最重要的设计任务之一。对于项目存在消防规范不明确的地方，我们通过消防性能化模拟与设计进行不同火灾场景分析、烟气流动状态预测和人员疏散过程分析，提出消防解决方案并论证其安全性。按《高规》规定，"中庭体积大于17000 m^3时，其排烟量按其体积4次/h换气计算，但最小排烟量不应小于102000 m^3/h"。酒店空中边庭的体积近3万m^3，而且位于高空，我们希望能通过消防性能化设计，对火灾产生的烟气量进行分析计算，以便确定合理的排烟量。其最终设计的消防排烟量是同时参照了消防性能化报告和五星级酒店管理公司要求，按10次/h换气计算取值。现行消防规范也没有对非建筑主体结构的幕墙支撑结构构件的耐火极限提出明确的要求，酒店空中边庭的外幕墙面积大，其支撑结构（竖向拉索、横向水平桁架）不属于主体建筑结构。我们也不希望钢拉索因增设防火涂料而降低建筑品质和视觉效果，但又需同时确保其在建筑发生火灾时是安全可靠的，故通过消防性能化设计采取以下措施，确保酒店边庭在建筑发生火灾时是一个"消防安全区域"。

酒店边庭仅作为交通空间，将不作任何其他使用功能，所使用材料的燃烧性能等级均为A级，确保边庭内没有起火点和火灾蔓延的可能性。

与边庭相通的走道设置常开式的甲级防火门分隔，与边庭走道相通的客房设置自行关闭的内开乙级防火门分隔，在边庭与其他区域之间的外墙设置水平2m宽的防火墙，边庭的上下楼层均为避难层，边庭内的走道与边庭通高空间之间设置不低于0.8m的挡烟垂壁，边庭及其走道合理加大排烟量，在44.5层设置自动扫描射水高空水炮灭火装置。当边庭周边区域发生火灾时，火和烟进入边庭的机会变得非常低，蔓延到边庭的火会被即时扑灭，渗入边

酒店空中边庭

塔楼细部（实景）

入口细部

庭的烟也会迅速排走；边庭的外幕墙因支撑钢结构被火烧而整体掉落的可能性已非常低。

中洲控股中心在主楼200m高空设置70m高的酒店共享边庭，结构设计出现了凹凸不规则和刚度突变等超限项目，再加上整个建筑还有其他超限项目，所以需要进行结构超限设计。针对酒店边庭的结构超限问题，我们在楼板凹凸不规则及楼板开大洞周围按弹性楼板模型补充计算，设置了150mm厚双排双向配筋的弹性楼板；在41（42）层及60层分别设置了结构加强层，由于办公区的平面布置为正方形，加之腰桁架及每边两侧有截面较大的边柱提供较强的抗扭刚度，因此在地震作用下结构整体的扭转效应非常小；边庭70m高的幕墙同时由60层的结构桁架承担。经PKPM、MIDAS和ABAQUS等软件进行结构计算，这些结构措施是安全有效的，也通过了结构超限评审。

70m高的酒店边庭位于高空，外墙不适宜设置开启扇，而且美国酒店管理公司也提出位于超高层建筑的酒店不希望设置开启扇。基于以下的主要问题、理由和措施，我们对200m以上的酒店外墙不设置开启扇进行了专项论证，并通过了专家评审，这是深圳通过建筑物不设置开启扇论证的前五个项目之一。

1. 设置开启式对酒店营运存在的安全隐患

项目的风洞实验显示，风压最大峰值正压为+4.86kN/m^2，最大峰值负压−7.58 kN/m^2，风压相当大，数据是以没有开启窗为前提测试的结果，若有开启窗，最高风压会更大，危险性也会相应提高。深圳市临海，属于台风高发地区，一般性建筑都常发生窗户飞脱附落的现象，何况200m高空的建筑，酒店客人不恰当的开窗，极有可能会造成人身伤害。

2. 设置开启扇对于酒店管理和经营的影响

深圳属亚热带地区，夏季室外空气高温高湿，酒店不适宜开启外窗进行自然通风，五星级酒店在冬天还需要采暖，换言之酒店需要设置全年24小时空调。我们采用CFD辅助模拟方式对大空间的酒店边庭进行空调计算。酒店管理难以控制客人的开窗行为，当窗在空调环境下开启时，建筑的能耗将加大，势必增加酒店的运营成本。

空气和空气中的水汽渗透进入室内，会导致送风系统超载，对空调的温度和湿度平衡产生负面的影响，能耗增加。

机电设备竖井及楼梯间会出现拔风现象，造成室内新风系统压力失调。

在高空设置开启扇，会增加外幕墙被破坏的机率，其维修或更换难度大且危险，容易发生意外。

3. 设置开启扇对酒店客人舒适度的影响

1）客房采用卫生间排风，走廊及房间送新风的通风方式，压力变化是从走廊到客房到卫生间，压力逐渐降低，形成压力梯度，如果开启外窗，则压力梯度无法控制，如客人在客房内吸烟，则烟味会蔓延至走廊，影响到整个酒店的室内环境品质。

2）建筑在高气压下设置开启式，空气渗漏将会加速室内空气流动，加大电梯在运行中的活塞效应，影响到电梯的乘坐舒适度，甚至导致电梯发生故障，如电梯门无法正常关闭等。

3）高空的风速和风向常变，难以预测，穿越开启窗户的气流强度也会受到室内外温差和风压差的影响，室内空气的无组织流动，也会让客人感到不舒服。

4）酒店位于200m高空，视野非常好，幕墙设置开启扇会增加龙骨的截面，势必对客房的观景视线有所影响，对酒店边庭的建筑空间及景观视线破坏尤为严重。

因篇幅所限，在此无法一一列举超高层城市综合体的其他设计特点。只有在设计中充分理解和处理好超高层城市综合体"位于城市核心地段"、"多功能性"、"非常规性"和"长开发建设周期"等特性，我们才有可能设计出一个成功的超高层城市综合体，让其成为真正意义的百年建筑。

浅谈以分散化的集中模式实现地块集约性与环境舒适性的平衡
——以湖州南太湖高新技术产业园区大钱区域综合开发项目为例

蔡迅时

深圳开朴艺洲设计机构

[摘要] 本文着眼于地块集约开发利用与生态发展之间的关系，通过水资源生态利用与保护及生态能源的运用打造有机疏散的5分钟城市，散落在花海中的生态岛可实现功能复合与有序开发，实现集约与分散共生。

[关键词] 浮岛丝路　后太湖之城　花海湿地　生态

一、引言

从古至今，城市的起源与发展都与河流、湖泊等水体有着密不可分的联系。作为城市命脉，滨水空间不仅塑造着城市形态，更成为一种精神载体，展示着城市的魅力与风采。

项目位于湖州市高新技术产业园区，南太湖片区不仅担负着提升城市形象的重要责任，还可以借助区域的整体优势进入长三角核心，从而加入世界城市体系的竞争中，赢得更有利的发展条件。

二、项目概况

规划用地位于太湖南岸，湖州市东北部的高新技术产业园区内部，总面积13.12km^2，建设用地3.5km^2，是环太湖城市群乃至长三角的核心地块。项目水陆空交通便利，内有大钱港直通太湖，周边道路完善，外部东侧有即将建成的直升机场。开发遵循带状控制、点状开发的原则，寻求自然环境及生态发展的平衡，跨越太湖工业发展时代，引领后太湖时代发展。

三、研究重点

1. 水体的保育与利用

在水文分析基础上，规划将基地内相对独立的两个小汇水区整合为生态湖，并将其融入区域汇水体系，通过横向水系连接，形成完整的塘浦系统。沿生态湖设置湿地公园，沿苕溪汇水方向设置湿地过滤系统，在净化水质的同时丰富景观层次。规划强调基地内部生态结构与太湖区域生态格局网络的衔接，主要体现在生态湿地与太湖湿地空间的连通、塘浦圩田特征的保存与延续、生态廊道的构建上，构建多样化的生态环境。

2. 生态与人文的交织

基地位于中央公园绿轴延伸带上，面向太湖，距离仁皇山、南浔古镇较近，拥有丰富的自然资源及独具特色的塘浦圩田生态肌理，开敞的空间格局和周边众多的生态斑块为本地块的发展提供了动力。

湖州是丝绸之路的重要节点，是丝绸文化重要的发祥地，湖笔文化、茶文化、湖中湖及塔中塔的独特景观也给基地增添了魅力。

四、项目定位

以生态保护为前提，继承并发扬湖州本土文化，植入"文化体验"与"娱乐时尚"，将其打造成一个充满活力的生态旅游区，一个现代和传统精神共融的场所。

地块北部充分利用太湖资源优势塑造国际会展会议文化片区形象，西部发展娱乐旅游产业与环太湖旅游休闲度假区相接，项目东部依托省级现代农

主设计师：蔡明　蔡迅时
设计团队：李想　程明　刘燕　陈丽萍
设计时间：2013年
总建筑面积：1310.0ha

业示范园的生态环境发展健康养生产业，南部打造生态总部岛作为地块南侧高新区的办公补充。实现北有北戴河、南有博鳌、中有南太湖的高端定位，将地块打造成长三角乃至国际时尚主场。

五、景观设计

景观设计强调基地内部生态网络的完整及生态廊道的构建，主要生态廊道苕溪将基地东西两岸分为休闲体验区与生态体验区。

苕溪景观带由北向南分为"乐活之趣"、"文化之韵"、"生态之美"等三个片区。生态湖是整个基地的绿心，沿生态湖植有七彩玫瑰、浪漫薰衣草、热烈郁金香、纯洁百合等五彩缤纷的花卉，花海教堂若隐若现，游船荡漾在移动花海中，花香与流水给游人营造了一个精神放松、回归自然的场所，将其打造成长三角婚纱摄影首选地，实现生态价值与经济价值双赢。

丝路是以丝绸之路为主题打造的体验式公园，设有"良渚丝绸、吴绫蜀锦、骆驼桥、吴蚕万机、梦回楼兰、玉门春风、大秦印记"等文化景观节点，再现丝绸之路的历史荣光。

六、空间规划与设计

以水为纽带，以本土中西合璧的多元水乡文化为特点，以生态型会议会展中心为定位支点，以良好的水乡景观为基础，形成"一横、一纵、一心、一环、五浮岛"的规划结构。

1．一横：环太湖风情大道不仅对太湖南岸地区起到防洪作用，更重要的是使基地成为对外展示平台，凸显价值优势。

2．一纵：苕溪纵贯整个基地，是重要的防洪设施，沿河两岸打造生态缓冲带，结合健身休闲步道形成具有活力的沿河生态廊道。

3．一心：以环太湖风情大道及苕溪形成"T"形横纵两轴，会展中心及酒店群位于两轴交汇处，标志性景观塔湖中屹立，与延伸至太湖的生态栈道形成一轮耀眼的明月。湖中湖独具特色，3D水秀剧场环绕其中，每周上演炫彩奢华的水秀，让人享受不同的视觉盛宴。

4．一环：从丝绸之路及辑里丝绸柔美的形态中获得灵感，构建一条漂浮在塘浦圩田肌理之上的复合型生态环，兼具交通、建筑、景观、文化等功能，构建一条新型文化旅游路线。

5．五浮岛：历史溯源岛、文化缤纷岛、艺术多彩岛、浪漫花海岛、创新总部岛等五个生态浮岛。五个生态浮岛与生态型会展中心由丝路串联，共同组成浮岛丝路的景观意向。

七、小结

随着后太湖时代的开启，南太湖片区将迎来新的历史使命和发展契机，它不仅需要具备城市文化空间景观特质，注重对滨水空间的营造，激发空间活力，分散化的集中开发模式，更利于提升其生态环境及人居环境，最后形成多元、活力、文化、生态的滨水空间。

有机统一 浑然天成
——浅谈梅县外国语学校方案设计

方巍 孙丽萍 张国辉 王福康 胡盛佳 王冠 叶敬峰
新加坡CPG Consultants Pte Ltd 深圳市开朴艺洲设计机构

主设计师：蔡明 孙丽萍 张国辉
设计团队：方巍 王福康 胡盛佳 王冠 叶敬峰
设计时间：2013年
施工时间：2014年
工程地点：广东梅县

主要经济技术指标：
用地面积：266632m²
总建筑面积：119625.54m²
建筑容积率：0.41
覆盖率：15.21%
绿化率：35%
停车位：252个
办学规模：118班/5000

追求"天人合一"的境界，就是追求人与自然的融合共生，达到人与自然的和谐共处，这是中国传统建筑规划思想的精髓。伴随这种人居精神的城乡和村落，小则沿湖而居，大则依山而立，无不巧夺天工。以和谐规划理念为指导，对自然环境进行把握和加工，并将山地和建筑融会贯通，最终达到浑然一体、天人合一是我们方案设计的终极目标。

一、独特的项目用地

梅县，中国著名侨乡，隶属于广东省梅州市，与梅江区并称梅城，与福建上杭、永定相近，是客家人的重要聚居地之一。梅县地势以山地为主，有"八山一水一分田"之称。同时，梅县也是新中国十大元帅之一叶剑英的故乡，广受游客欢迎。

基地呈现不规则近似圆锥的形状，基地东西侧均为郁郁葱葱的丘陵地形，南面临街面长约417m，北面临街面长约103m。基地长边与60m宽的剑英大道平行，由南北边40m宽的城市次干道进入。基地的东西两边为制高点。一个较低的山峰位于基地的西南方。地势从三个峰点向基地中央的山谷倾斜，同时，山谷由南向北降低，呈现为一个缓坡。

二、超前的规划理念

梅县外国语学校对于梅州,以及全中国的许多有抱负的学者来说是全新的平台。这个可容纳5000个学生的学校,囊括了从幼儿园到国际高中的完整教育体系,这是一个真正集学习、生活、休闲于一体的环境。项目意在打造一个国际化的校园,利用山水的自然特征创建室外互动教学空间,创建一个植根于客家传统文化、拥有特点的个性化校园,打造在园林中学习的环境,整合可持续校园环境设计。

三、自然天成的规划布局

基地是一个坐落在两山之间的美丽山谷,占地26.6hm²。天然的轴线贯穿校园,定义了入口、方向和路径。校园的三个功能——生活、学习、休闲的规划,以让学生以及教职工方便进入使用为出发点。山谷以及山顶的娱乐部分形成一个自然的轴线,与学习生活充分融合。

1.利用沿街广场作为来自主干道的噪声缓冲区域。

2.运动设施被设置在中轴线上,校园、学生宿舍、教职工宿舍环绕轴线布置。

3.提供各种室内、室外的聚会场所,以鼓励校园内的互动。

4.景观与建筑融为一体,彰显基地乃至梅州文化特色,产生鲜明独特的整体观念。

四、客家元素的巧妙运用

借鉴客家传统建筑形式、比例与尺度,间接唤起人们对于历史传统的记忆、客家文化的传承及提升。

1.校园建筑结合了国际现代风格,细节方面借鉴了传统客家建筑风格。

2.入口大门豁然大方,是莘莘学子走向世界之门,即是归乡之门。充分体现了客家人饮水思源的传统美德。

3.综合性校园让幼儿到高中拥有多方面的交往联系合作机会,培养出群体精神,加强凝聚力。

五、景观设计

体现以山体为大背景,充分利用自然条件,在整体上塑造一个风景式校园。

在自然景观风景上主要保留基地东侧山体和中间的洼地,形成校园的主要景观绿化带,确立整体上的环境氛围和背景,同时注意保持一个主要控制点之间的视线通廊,形成环境的整体感。

在人工景观上主要注重层次感和多样性,形成由重要的广场开放空间到沿复合功能带延伸的步行系统。设置生态友好型的遮蔽物,作为登山学生的休息节点,使得节点适宜学生学习交流并且更亲近自然。

自然之力，四时五谷
——中粮集团北京农业生态谷

蔡明　韩嘉为　张明宇　杨浩　张伟峰　叶俊明　陈婷
深圳市开朴艺洲设计机构

主设计师：蔡明　韩嘉为　杨浩
设计团队：张明宇　张伟峰　叶俊明　陈婷
设计时间：2012年
工程地点：北京房山区琉璃河镇
总用地面积：251382m²
总建筑面积：97140m²
地上建筑面积（计容积率）：73810m²
地下建筑面积（不计容积率）：23330m²

一、自然之源

中国人的智慧，寓于四时五谷的循环枯荣之中。

中粮集团北京农业生态谷，是以现代农业为核心，在城市郊区建立生产、生活、居住、观光、游憩的社会生态链条；启动区作为围绕生态农地景观，展示中粮集团全产业链服务、绿色自然价值观、优质精英生活方式的标志性建筑组群，所要反映的正是人与自然传统关系的继承与诠释。

"自然之源，重塑你我"，以展示和体验为核心功能的生态谷启动区，其规划设计的创意灵感来源于"以融合于自然的形态显示自然生态的力量，用四时五谷的内涵反映有机生命的变化，让乡土性格、休闲体验、文化内涵、生态自然的属性根植于建筑，成为文化交流的国家名片"。

二、重塑你我

生态谷启动区的游览是以四季为主题形成空间引导，在种植五谷、象形梯田巨石的建筑组群间穿行，用二十四节气串联各种展示题材和生态体验，让人们在过程中不断体会四时五谷的密切关系，感悟自然有机的生活方式。

1．"春之花田"。当游客从生态谷的入口沿着原生态的步道穿过茂密的白杨树林，都市的喧嚣逐渐滤去的时候，迎接他们的是下沉广场中常年盛开的缤纷花田，春意盎然的氛围扑面而来。通过下沉广场的引导，从地面旋转上升的接待中心成为游览的起点。

2．"夏之荷塘"。覆盖室内观景通道的屋顶叠水广场，让人们从接待中心通往中粮产品体验馆的行进中感受光影的微妙变化。同时，在地面的起伏中，生态梯田的自然景色和巨石般的建筑群体倒映在水面之上，生动宁静。

3."秋之谷场"。生态馆在形体上与体验馆遥相呼应，建筑从东西两个方向汇聚延伸成为下沉演艺广场。这里用庆祝丰收的热情歌舞，让人们在观展之外增加参与性活动。反映生态馆环保主题最直接的方面，是将生态馆的主体完全覆盖在斜坡绿化广场之下，让展示不仅在室内展厅中以人工模拟生态系统的形态呈现，更重要的是在室外环境中生动体现自然界的流转变化。

4."冬之庭苑"。生态酒店的主题中庭将冬日的凛冽阻挡在室外，全家人的游览团聚在建筑的庇护下意趣盎然。生态酒店同时也是生态馆的有机组成部分，客房的内侧界面完整地融入大堂四季中庭之中，客房的外侧与湿地公园无缝对接，享受天然景观视野。人工天然两种不同的体验，在酒店大堂、生态餐饮、观景平台等个性化空间紧密融合，赋予酒店差异化的感受。

中粮产品体验馆和生态馆展示题材的共同主线是"二十四节气"，但在不同的场馆中表现节气在人们生活中的两重内涵。展示运用多种媒介刻画节令和生产生活的关系，给人以深刻直观的人文内涵。

中粮集团北京农业生态谷融朴素、自然与现代时尚为一体，以梯田、五谷、节气为灵感源泉，运用生态有机建筑风格，融入现代时尚元素，超现实主义的拼贴混搭和拓扑构成空间，让人们在游览的体验中感受自然的力量，给人们健康的生活带来坚实可触的基础。生态谷规划在传承地域文脉的同时，满足丰富多元的功能要求，通过契合中粮优秀企业文化创造出独特的建筑个性，成为人们实现梦想的目的地。

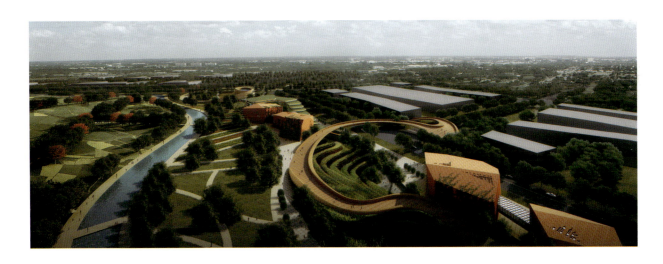

"中粮·紫云"
——超高开发强度下的建筑技艺

张伟峰
深圳市开朴艺洲建筑设计机构

主设计师：蔡明　韩嘉为　张伟峰
设计团队：陈坤　张丹凤　陈婷　戚惟杰
技术经济指标：
开发建设用地面积：28802.3m²
总建筑面积：259476m²
计容积率总建筑面积：208250m²
容积率：7.23

随着中国城市化进程的加快、经济的持续快速发展，城市土地市场地价居高不下，重要区域的土地资源极度稀缺，超高层建筑开始在各大城市涌现。超高层建筑存在成本增加、建设周期长、结构及消防设计难度高、住宅品质受影响比较大等不利因素。如何在超高层建筑设计中，遵循"以人为本，可持续发展"的设计原则，有效解决高容积率、高密度带来的超高开发强度的不利影响，建构一个分区合理、舒适、和谐的社区，是设计师面临的挑战。中粮·紫云项目就是我们在这种背景下的工程实践。

一、项目背景

"中粮·紫云"位于宝安区新安街道宝城22区，总开发建设用地面积28802.3m²。项目临近广深高速出口，坐拥三大公园，用地北临新安三路，南临公园路，西靠新圳河景观带，东临新安二路，距地铁5号线洪浪北站仅500m，距规划中地铁17号线宝安中学站800m；拥有较好的交通通达性、丰富的自然景观资源、完善的教育和配套。

基地被南一巷分为两个地块，南北向总长331m，东西方向最宽处约120m，最窄处约65m。周边主要为多层建筑，视线开阔，100m范围内无高层建筑遮挡。

二、项目定位

"中粮·紫云"作为大型超高层综合体项目，我们希望能在中粮集团已开发的中粮鸿云、中粮锦云、中粮一品澜山等系列产品的丰富成熟经验基础上，通过准确的项目定位，在建筑规划、户型设计、产品硬件等方面走差异化豪宅路线，引领宝安小户型豪宅化生活，树立中粮品牌的新标杆新形象。

三、创新理念

通过创新的设计，奠定产品的竞争优势，提升产品的溢价能力，实现价值最大化是本项目的设计目标。实现它的关键体现在以下四个方面：

1.作为一个高容积率、高密度的超高层综合体项目，如何解决超高强度与宜人尺度的矛盾？（超高强度vs宜人尺度）

2.项目拥有住宅、办公、公寓、保障房、商业及幼儿园等各种复杂功能，如何实现复杂业态条件下各产品的和谐共生？（复杂业态vs和谐社区）

3.新的《深圳建筑设计管理规定》条件下，如何通过产品创新增加溢价能力，实现产品的快速去化？（快速去化vs产品溢价）

4.如何通过简约的设计元素体现项目的尊贵品质，在城市主要界面树立标志性的展示形象？（简约元素vs尊贵气质）

四、规划设计

方案采用空间围合形成大花园的设计手法，塔楼建筑贴边布置，将6栋8个单元塔楼均衡分布于基地内，北侧办公和公寓两栋塔楼呈垂直布置，共同围合裙楼屋顶花园并向东南角打开；南侧住宅采用南北方向三排布的点板结合式布局，保障房置于西南角居住价值最低区域，6栋住宅塔楼围合形成一个向西侧打开的内庭院，将新圳河景观带引入社区花园。整个规划呈S形布局，空间结构连续流畅，南北两个庭院动态呼应，形成外向型空间布局关系，最大限度地共享外围城市公园景观。在城市设计上，通过公寓和保障房的高度变化让整个小区拥有丰富的空间层次和城市天际线。

五、产品设计

1.为改变高容积率带来的空间视线干扰，提升产品品质，通过对蝶式、板式、十字形及45°转角等不同户型结构的对比，采用45°偏转户型与楼栋错落布置的规划布局结合，南向（东南向）户数均达到40%，并根据用地条件，通过塔楼偏转角度的调整来实现户型视线完全错开，避免视线干扰，让每个住户都拥有良好开阔的视野。

在合理的户型选型和级配基础上，通过创新的产品设计提升溢价能力是我们的设计目标。

2. 办公设计综合考虑结构合理性和停车效率，采用9米柱网、设备管井集中、端部无柱、电梯井合理利用等设计，通过两层高中庭、阳台、结构搭板、架空层后期改造等方式，实现高赠送、高溢价。

公寓采用核心筒集中、电梯厅分置的方式，将T12的标准层平面设计形成两个T6的公寓户型，增加公寓的品质。

六、建筑风格

美式建筑风格表达出不断超越的人文精神和力量，它由内而外的尊贵品位和气质、细腻丰富而充满诗意的造型元素，无不潜移默化地影响着我们的居住生活方式。"中粮·紫云"采用现代的手法还原古典的比例，"中粮红"等材质和色彩体现独特的现代气质，通过加强竖向线条和楼顶部退台式的处理突出超高层建筑的挺拔感，让整个小区具备古典与现代的双重审美效果。

高山流水·水落石出
——超高开发强度下的建筑技艺

蔡明　胡永　何智勤　熊伟　唐莎
深圳市开朴艺洲建筑设计机构

中粮公明·世纪新城项目方案设计
主创设计师：蔡明　胡永
设计团队：何智勤　熊伟　唐莎
美国开朴建筑设计顾问有限公司
主要经济指标
用地面积：34417m²
总建筑面积：289000 m²
容积率：6.27
建筑高度：188m

一、项目概况

中粮·世纪新城位于深圳市光明新区公明中心西区。项目用地位于松白路以南、创维路以西。项目紧临南光高速入口，周边路网发达，30分钟车程可到达前海中心区、深圳湾口岸及福田中心区等核心地段。

本项目是一个多功能的综合性项目，集商务办公、文化娱乐、特色餐饮、高档公寓等多功能于一体。如何将相互独立又相互关联的建筑功能恰到好处地组织在一起，在使用过程中能独立自主，又能

相辅相成、资源共享，是本项目的一个重要特征。

二、设计理念

为贯彻中粮·"自然之源，重塑你我"的企业精神，我们从生态的自然之中，寻找项目的切入点。

设计的灵感来源于大自然中的高山与瀑布的震撼场景。建筑形体像"高山流水"一样，从空中一贯而下，气势恢宏，展示了一种无比酣畅的动感。从建筑塔楼到建筑群楼，再到商业BOX，更延续至景观设计，生动地诠释了"建筑是流动的音乐"。

而在功能使用性能方面，结合场地的人流动态，建筑就像是被流水冲刷出来留在河流中的宝石，闪耀着商业的光芒。建筑的体形及分割方式与人流的动向实现了完美的结合，印证了"水落（宝）石出"的千古名言。

三、空间场所营造

中粮公明·世纪新城以崭新的设计理念，旨在创造出一个新的商务居住休闲生活区，从而激发城市活力及社区竞争力，以全新的设计思路为深圳市民创造出一个时尚的商业、娱乐、休闲、居住环境。因此，阳光、商业街区、开放庭院、城市客厅、时尚动感生活模式是我们要实现的目标。

通过在松白路与创维路的交汇处，树立城市综合体的地标形象，形成城市广场，将城市人流导入项目区域内陆，提升项目的城市形象及商业价值。另外，尽量降低用地南端塔楼的高度，采用"高楼横置"的方式，打破高容积率带来的压迫感，实现阳光的中心庭院。

同时，我们在项目用地内部设置下沉广场，通过商业通道将地铁人流引入项目用地腹地。结合内部的阳光庭院，集中商业、商业街铺、商业BOX以及地铁商业，带来新的、不同特色的场所和全新体验，体现了现代商业建筑设计核羽思想。

四、总平面布局

建筑塔楼功能主要分为LOFT酒店公寓、LOFT精品公寓和3.5m层高的商务公寓。裙楼功能分为集中商业、商业街铺、商业BOX三大类；沿地下铁路设置部分沿线地铁商业。

基地东北侧设置188m的高层LOFT酒店公寓和120m的LOFT精品公寓。两栋公寓通过空中会所相连，作为一个完整的整体，在松白路上，展示出新时代的标杆形象。

沿金安东一路一线，布置商务公寓。而用地西侧设置塔楼为4.5m层高的LOFT精品公寓。

通过地块跟各路口的联系，在庭院设置独立的商业BOX，形成独具特色的商业街区模式。设置酒吧、特色餐饮等业态，形成富有城市商业氛围的酒吧一条街。

同时，通过天桥使项目与周边的商业区得以相互衔接。并且，局部打开用地的东南角，形成与东面规划商业金融区的紧密联系，扩大项目用地的商业价值。

取模构建于"体",解析于"面"
——hpa 模型工作实践法

沈晓帆　沈军　聂光惠

何设计建筑设计事务所(深圳)有限公司

建筑工作模型

总体规划草模

体块工作草模

建筑工作模型

城市规划工作模型

何显毅建筑工程师楼地产发展顾问有限公司(何设计)成立于1980年,是香港政府建筑顾问名单中的一级建筑顾问,有资格承接香港政府无限大的设计工程。

从创立至今,hpa一直贯彻着"五图八模"的工作方式。其中"八模"的概念就是在工程项目中,无论项目前期分析、概念规划、修建性详规,还是建筑单体方案和施工图阶段,均将运用实体模型作为辅助设计方法,为规划及建筑提供技术分析。

一、在规划阶段,对地形及道路做体块的规划模型。特别是对坡地和地形较复杂的场地,会先制

建筑细部工作模型

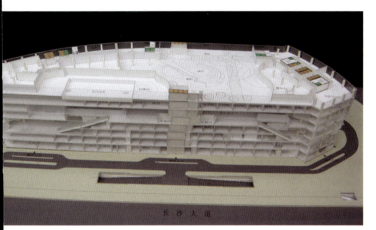

分层平面草模

系反映出来，可以高效地分析其设计是否合理。并以1：100的单体模型，对建筑的体形、高宽比例及各塔楼与裙楼的体量尺度进行分析，也可对立面表皮的划分、各层线条的尺度关系，进行直观有效的研究。

对特殊平面可做揭开的平面模型，如错层、假错层、跃式、假跃式、复式、假复式、半复式等平面。同时反映了本层平面的空间布置，又可反映与上、下层平面的空间关系。

三、在施工图阶段，做1：5~1：20的大比例模型。hpa的建筑师对建筑的重要节点大样和重点空间进行大比例模型研究。一是解决建筑构造制作，二是推敲建筑细部的相互尺度关系、外墙材料的比例划分，并对重要的设备管线和在公共空间中的机电、管道井门、消防箱等技术设施进行美观分析，以完善建筑细部的美观效果。

另外hpa在香港多年的施工图经验，还针对如下重要部位：

1. 对屋顶局部模型，包括屋顶上女儿墙、山花等。

2. 墙身局部立面模型包括窗线条、凹凸、特殊构造及露台管道位置（给水管、污水管、煤气管、电气管、消防管）、空调机遮丑和"8喉8箱8口"等特殊设施的美观设计。

3. 底部建筑局部模型，包括勒脚线做法、入口处理、飘板做法、建筑装饰线天地墙等。

4. 建筑主出入口大堂和标准层大堂局部模型，包括看更告示箱、休息室会客、信箱、室内大堂平面铺贴做法、顶棚和灯位布置、四周墙体的分格细部等。并对首层大堂、电梯厅内的机电设施及管道井门采用"屏风路线"进行美化。

以上这些细部的大比例模型进行深化研究、仔细推敲，设计师可以对设计作品进行全方位、多维度地分析，以达到建筑本身从抽象的设计思维转到具象的感观实体升华，大大提高了工作效率和设计的准确度。

作1：1000~1：2000的地形模型，对场地坡度、坡向、等高线和地貌特性进行分析，使建筑师直观有效地认识场地基本要素。

在大型城市规划中，利用1：1000~1：5000的体块模型，对城市空间及交通体系进行分析。也可对居住区规划中的建筑体块、间距、高度、空间形态和相互关系进行实体有效的研究。并尝试做多个规划方案模型进行比选，直观地分析各方案的优势和劣态。

二、在建筑方案阶段，做1：100~1：500的建筑单体模型分析建筑造型，对复杂的项目进行平面模型研究，借助模型直观的特点，将各层的功能分区、水平流线、垂直交通、内部空间和内部结构体

长沙运达中央广场

何设计建筑设计事务所（深圳）有限公司

长沙运达中央广场是中国第二大酒店双子大厦，功能上是由两间国际知名酒店与甲级办公及大型购物中心组成的商务综合体，总占地约2.8万m^2，建筑面积约24万m^2。建筑包含在建长沙第一高约250m的瑞吉酒店办公塔楼、100m高W酒店板式主楼和连接2座塔楼的地下3层地上局部6层的整体式裙房。正在建设中的长沙地铁2号线长沙大道站紧邻本项目东南侧，地铁出入口与本项目直接连通。可以预见建成后必将成为长沙的新地标。

一、双酒店塔楼设计

作为长沙业界的旗舰，运达中央广场全面引进了世界顶级酒店管理公司——喜达屋集团旗下的两个极具特色的国际品牌：瑞吉酒店与W酒店。瑞吉酒店是美国喜达屋酒店与度假村国际集团旗下9大酒店品牌中的第一品牌，与四季酒店，丽思卡尔顿酒店被公认为世界三大顶级酒店品牌。

为凸显酒店的奢华气质，酒店主体位于250m高的塔楼顶部，地面正对沙湾路设置了大型专属接引厅，通过四部高速电梯直达47层酒店大堂。瑞吉酒店大堂设置于东塔楼47及48层，瑞吉酒店共12层标准层，每层16间客房。客房净面积约52m^2，开间4.5m，整个酒店拥有202间客房。在62层设置瑞吉酒店的屋顶花园、无边界泳池和健身房。酒店屋顶层设计了直升机停机坪。

W酒店作为喜达屋酒店与度假村国际集团的

长沙大道正面效果

彩色总平面图

重量级革新品牌。W酒店首层大堂约1200m²，且二层挑空，大堂空间高达10.6m。酒店标准层面积1400m²，每层标准客房20间，开间尺寸为4.5m。W酒店共17层，拥有357间客房，其中套房17间。

二、裙楼商业及酒店综合设计

运达中央广场的裙房从瑞吉东塔至W酒店西侧。首层商业面积约0.6万m²。

二层裙房商业建筑面积约0.7万m²，有三处10m高的中庭，透过二层中空，可俯瞰变幻的一层、三层商业，对于购物人员可以形成通透的视线。东西中庭设两组自动扶梯引导人流便捷的上下。可以充分表现现代体验式商业所需要的丰富多彩的共享共视空间。

三层至五层为瑞吉及W酒店共用裙房部分，从三层的3层高大宴会厅（2000m²）到四层的SPA、会所等直至五层的中餐厅及包房群，设计上一方面遵循喜达屋的流线要求，另一方面也针对运达的指示进行优化。

六层为W酒店的SPA、健身、酒吧、西餐厅及室内阳光无边界游泳池，东侧为酒店专属屋顶花园，花园的东侧为瑞吉酒店的棋牌区。

三、地铁商业及地下空间的综合利用

地下一层自东向西分为地铁商业区、酒店后勤区、商场储藏区、卸货区、设备用房，地铁商业于东南侧与地铁人行隧道相连，形成为之服务的生活超市购物区。地铁出口不仅可联络首层商业，也可直达北侧商业街，从而提升整体商业价值。本设计主要采用地下停车方式，整个综合体地下车库可停车总数约870辆。

四、设计过程

长沙运达中央广场项目为2007年我司签署设计

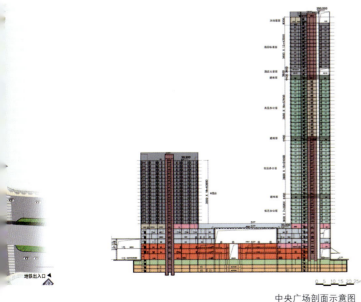

中央广场剖面示意图

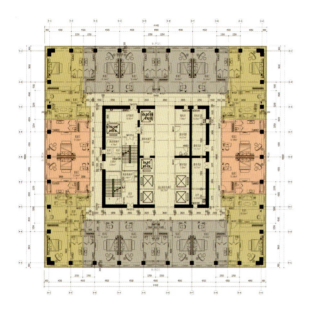

瑞吉酒店标准层布置

总合同后,自2009年开始进入综合体的设计内容,至今已历时约5年,其间方案经历了多次重大调整。2012年前,方案基本为弧线形塔楼及裙房,虽然弧线的建筑外观较为流畅亮丽,但也存在酒店、办公房间异型及商铺出租位异型等情况。业主方经过认真权衡后于2012年中改为方正的直线形体。

hpa在整个设计工作中,一直贯彻着自己独特的"五图八模"的工作方式。所谓"八模"指的是在工作项目中,从项目前期分析,概念规划,修建性详规到建筑单体方案直至施工图的各设计阶段,均充分运用实体模型做为辅助设计手段,对规划及建筑提供技术分析。比如,项目在初始建筑设计阶段就做了1:500的建筑单体模型,分析建筑造型,内外部空间和各层流线。在一期建筑设计的立面造型阶段又制作了大尺度的精细建筑模型,仔细推敲每个衔接面的处理关系。

以建筑立面设计为例,业主对建筑立面提出的基本概念是现代、简洁、挺拔、内敛,从设计初始就要求整体采用纯玻璃幕墙体系。对于一般玻璃幕墙建筑,大家通常追求的设计上求新求炫尽量吸引大众眼球的作法,运达方面有着不同的理解。他们认为新奇不能违背玻璃幕墙追求的简洁,炫丽不能破坏建筑的整体旋律。就如同衣着一样,简洁合体的缝纫加上高雅素色的高级材质就可体现出一个人的高尚气质。这种设计理念与瑞吉酒店追求低调的奢华与丰富的订制细节思路不谋而合。

为了体现运达的设计理念,中央广场的2幢塔楼均采用简洁的竖向立面处理,在分隔条是采用间距1.5m还是1.8m或2m上仔细权衡,反复考虑对室内

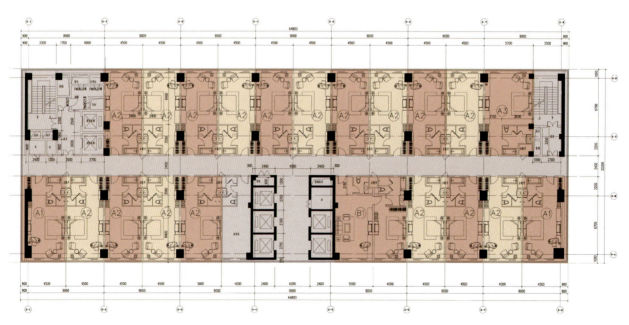

W酒店标准层布置

商业主入口效果图

外的影响。在塔楼Low-e玻璃的选择上采用3层玻璃的方案，虽然代价较高，但玻璃平整，不会出现一般大厦反光变形的通病，在250m高瑞吉酒店各层大胆采用位于每层玻璃下沿的高科技通风器，于不开窗的前提下使入住人员享有远超过国家规范要求的新风量，又可避免超高层强风对于客房舒适度的影响。在裙房立面上我司提出数十个方案的基础上选择了横向波浪的方案，通过玻璃上彩釉的变化及竖向玻璃肋的疏密变化，达到外观水纹的效果。而竖向玻璃肋我们也建议内镶透明LED显示，于夜晚配合灯光制造精致优美的侧向视觉效果。再加上室内设计的光影变化共同创造新奇内敛的立面造型。

雨棚及入口的设计在其他建筑中只是建筑整体的一个配角，只要整体协调即可。但在本项目中就如同名牌西服的衬衫或领带，业主要求不仅能体现相关的功能特点，还要达到整体立面上画龙点睛的效果，为此我司作了不下百种方案，尤其是瑞吉与W酒店雨棚，在如何表达瑞吉酒店深沉内敛及W酒店现代张扬的个性又与裙房及塔楼整体协调费了不少脑筋。一方面仔细研究现有酒店雨棚及整体设计的特点,另一方面找寻新颖但又协调的设计思路，从纯粹的建筑造型设计到室内与景观设计的延续等不下50个设计方案，最终业主按自己的喜好选择了较为深沉简洁的方案。

瑞吉酒店入口雨棚sketchup效果

南侧中央部分人视效果图

直到今天运达中央广场的设计还在进行当中，各种方案还存在变数，若业主或建筑师认为还有需要或存在更好的可能性，运达的方案都可能继续改变。从2007年至今已过了7个年头，作为建筑师，我们的设计思绪与业主同步，甚至超前。对我们来说，就算好的方案因各种原因没被选中，但设计过程带来的喜悦及积累的经验是不能被磨灭的，而好的设计在其他项目中也可以继续使用。这就是为什么在长沙运达的设计团队往往被其他业主指定作他们的设计的原因，从运达项目中我们磨炼了设计队伍，也同时希望最终运达的成果可以成为我们公司令人骄傲的设计里程碑。

西北侧BIM效果图

中央广场模型

商业内街BIM效果图

深圳市超多维科技大厦建筑设计

何设计建筑设计事务所（深圳）有限公司

在深圳市南山区科技园南区，高楼大厦鳞次栉比，位于科技南八路与高新南六道交叉口东南侧，将取得Leed金级认证的超多维科技大厦正拔地而起。

超多维科技大厦占地面积3736m²，建筑面积3.2万m²，建筑高度100m，地上17层，首三层是裙房，功能为商业；四~十七层为塔楼，功能是工业研发、办公。地下共3层用作汽车库及设备用房。

何显毅建筑工程师楼地产发展顾问有限公司于2008年接到深圳超多维光电子有限公司的委托开始本项目设计。

深入剖析设计条件和设计目标如何在项目面积不多、体量不大的情况下，营造健康舒适的办公环境，彰显人文关怀将是本专案的制胜关键。何设计从总平面、建筑单体、环境设计、节能环保设计全方位打造出一座能够从周边甚而同类林林总总的办公楼中脱颖而出的炫目建筑。

效果图

一、总平面设计（图1）

本项目根据深圳市城市规划管理规定，在满足建筑红线退界要求和建筑密度的前提下，裙房距南、北边界到顶，东西留出了绿化广场缓冲空间。塔楼紧靠北侧布置，尽量增大距南侧办公楼的间距。主入口设在外部空间最为开阔的西侧，两个地下车库坡道置于相对隐蔽的东侧和南侧。在西侧设计一个从一层通至二层塔楼电梯大堂和三层塔楼电梯厅的绿意盎然的坡道。同时兼作二层的消防疏散出口。

图1

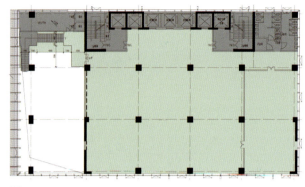

图2

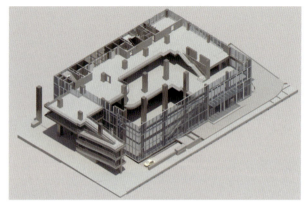

图3

图4

图5

二、建筑设计

该建筑塔楼平面面积约1,360m²。若按常规的中间核心筒方式设计，则产生一个环形空间，与周边塔楼并无二致。如何使本建筑在众多类似项目中脱颖而出、具有明显优点、产生强大的市场竞争力，是我们设计需要重点考虑的问题。经过中间一个核心筒、东西两个核心筒、北侧一排核心筒等多方案的比选，最终确定了北侧一排核心筒的方案（图2），留出完整的南侧空间，利于用户灵活分隔，最大限度满足用户对不同空间大小的需求。

裙房一、二、三层（图3、图4）采用楼板层层退台的设计，进入大厦的人从入口门厅的10m高空间到6m高的区域，再到14m高的中庭，不由得产生豁然开朗的感觉，为层次丰富的空间变化吸引。电梯大堂设于二层平面标高6m处，可由自动扶梯及运动坡道抵达。

塔楼十四、十五、十六层（图5）平面在西侧留出了约200m²的空中花园。

塔楼共设6部客梯、1部消防电梯、2部防烟楼梯，卸货平台位于地下一层。裙房除有2部与塔楼共用的楼梯外，还有一条运动坡道、一部自动扶梯及一部供疏散使用的封闭楼梯，有效地对进入大厦的各种人流、货流高效分流。

三、Leed金级认证

本项目从一开始设计就与业主确定了符合Leed认证资格的目标。随着与Leed认证公司及各参与项目单位的不断沟通，最终与业主达成共识，此项目的绿色节能环保标准，提升为达到Leed金级认证标准。

从设计前期的选址、开发密度和社区连通性，到施工中建设活动污染防治、再生物资存放和收集、区域性材料的使用，都作了全面的考虑。设计中主要作了下述部分选项：

替代交通：低排放和节油车辆停车位的设计，

自行车存放和更衣间的设计。

雨水处理：水量控制，水质控制，在四层及十四层~十七层都设计了空中花园、绿色屋顶。可渗透和收集的雨水径流占年平均降雨量90%。

热岛效应：空中花园占至少50%的屋顶面积，使用浅色及绿化屋顶。

节水：采用雨水循环系统，选用节水设备。

最低能耗水平，基本冷媒管理。

采光和视野：75%的面积可以直接接受自然光，达到至少25fc的自然光照度水平。

四、环境设计

该设计以满足办公与商场区两大功能进行总体布局，力求将简洁大气的办公区氛围与休闲、功能多样的生活气息景观融合，达到绿地与使用功能的完美结合。同时突出现代园林风格，运用现代手法、现代构图、现代环境设施，营造最适宜办公和购物的休憩场所。

立体空中绿化的布置，使得本大厦在众多的建筑群体中脱颖而出，形成城市中的亮点，突出建筑的生命力。

五. 立面设计（图6、图7）

该建筑立面为现代风格，采用玻璃、金属等现代科技材料，既展示出体现大厦科研办公功能的挺拔大气高科技风貌，又考虑同周边项目和环境的和谐呼应；底部用弧形构架做成的玻璃雨棚突出建筑主入口，中部由简洁的线条划分出韵律感极强的玻璃幕墙。顶部则在空中花园外设计出优美的弧形构架，为庄重的建筑外观平添几分灵动的气息。

图6

图7

编织时代脉络的锦缎丝绣
——江苏镇江·新苏国贸中心

深圳中海世纪建筑设计有限公司

设计人员
项目负责人：余銮经　吴科峰
主创设计师：余伟
设计团队：汤宣琴　颜芬
设计时间：2012 年 9 月
工程地点：江苏镇江

主要经济技术指标
用地面积：73300m²
总建筑面积：443900m²
超高层部分：　　　住宅部分：
容积率：6.0　　　 容积率：2.8
覆盖率：46.3%　　 覆盖率：35%
停车位：2003 个   停车位：840个
高度：276 m（68 层）

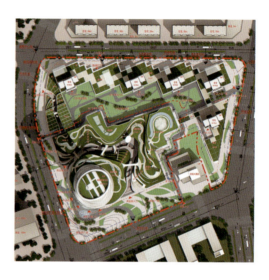

一、项目概况

项目位于镇江主城中心，南临火车站商圈，东临大市口商业中心，西侧润州山路与北侧红光路分别是规划的城市主干道支路，外部交通便捷，区域优势明显。基地内2号地块局部地势高差较大。规划总用地面积7.33hm²，1号地块用地面积3.61hm²，2号地块用地面积3.72hm²。

二、建筑设计

镇江素有"城市山林"之美称、"天下第一江山"之雅号，有滨江、沿江、沪宁高速公路、京沪高速铁路等水陆交通优势，距南京禄口国际机场120km，交通便捷。

方案构思以江苏的"锦缎丝绣"（丝线、丝绸图片）作为切入点，造型立意强调独特性、文化性、不可复制性。

塔楼水平线条如丝般自由流畅、飘逸灵动。塔楼以圆和椭圆为基本形态向上升腾，（龙）中部的逐渐收边削弱了大体量建筑带给街区的压迫感。疏密有致的环形遮阳板成为建筑独特的肌理，与幕墙形成丰富的虚实对比。建筑顶部切角处理使建筑个性更为突出，逐层的退台将成为俯瞰整个城市的观景台。随着视角的变化，塔楼展现出不同的形态，成为具有高识别性的镇江商业中心新地标。

本案为综合体项目，以公建为主，配以适量的住宅，故而总体环境设计以铺地、广场为主，配以适量的绿化作为点缀，强调点、线、面的完美结合，注重环境和建筑群体的协调、统一、融合。充分利用裙房屋顶，打造为居民提供休闲的屋顶花园空间，形成步行绿带、绿化节点、屋面绿化等多层次富有人情味的生活场所，创建多功能复合、开放空间和步行空间互相连接的空间系统，增强居民的归属感和自豪感。在提高土地经济效益的同时，因势利导，力求体现居住环境的均好性。

设计人员

项目负责人：张文华　吴科峰

主创设计师：余晓静

设计团队：余经川　蔡健庭　章婷

设计时间：2013 年 1 月

工程地点：江西九江

主要经济技术指标

用地面积：37794.80 m²

总建筑面积：84471.75 m²

地上建筑面积（计容积率）：56612.55 m²

地下建筑面积（不计容积率）：27859.20 m²

建筑容积率：1.50

盘龙山水、诚信九烟
——江西·九江烟草大厦

深圳中海世纪建筑设计有限公司

一、项目概况

九江地处南北动脉和黄金水道的交叉点,承东启西,引南接北,是新时代的九省通衢。九江有江西北大门之称,是昌九工业走廊起点、中部地区重要的内陆开放城市和江西省重要沿江港口城市,北隔长江,与安徽、湖北相邻。

九江市烟草公司卷烟配送中心项目,位于浔阳区白水湖地块,东至浔阳区群众体育馆,南至规划道路用地边界控制线,西至白水湖路,北至滨江东路。该地块呈刀把不规则形状,东西长约209m,南北最长约208m,最短约181m,占地56.692亩,面积33794.8 m²。

二、建筑设计

山水九烟、诚信九烟、和谐九烟——九江市烟草公司理性和创新的特点,在企业建筑上更应有所体现。

塔楼沿湖立面强调完整性及竖向挺拔感;其余三面结合9个大平台、11个小阳台形成逐步上升的形体,强调建筑空间感。裙楼利用曲线平台和连续台

阶，强调整体化立面形态。用地内部联合工房采取简洁完整的设计手法，弱化建筑独立性，与裙楼、办公塔楼三位一体，打造"盘龙山水"之态。

营销展示区包含展厅、宴会厅与多功能会议室、商业等，利用平台、连廊将其与塔楼连接，在利于办公塔楼使用的同时，满足对外开放的需求。展厅与商业可直接由底层进入，二层宴会厅及三层多功能会议室，可通过室外楼梯直达屋顶平台进入。

办公塔楼设计由高、中、低三区组成：十九至二十七层为高区自用办公，层层空中花园为办公人员提供高端商务活动场所，彰显独一无二的空间价值，领导办公室位于顶层，充分享受大面积的观景资源；中区结合地段需求、设置公寓酒店功能；低区为底层商业和大堂，结合商业功能与裙楼平台，带来舒适的休闲、办公体验。设计中采用专区电梯设置，将酒店与办公使用电梯分离，并结合酒店、办公各自不同的入口与大堂，使其各自的内部交通组织更为高效。

联合工房底层仓储区和分拣区维持原有的工艺流程与平面，将二层的办公区与活动区进行平面优化，将活动区南移与仓储区连接，退让屋顶平台，分拣区可通过屋顶采光。仓储区与分拣区置于底层，与物流广场相连，临近物流入口，两者功能分离，互不干扰。

运河明珠，龙腾邳州
——江苏邳州·新苏城市中心

深圳中海世纪建筑设计有限公司

设计人员
项目负责人：余銮经　吴科峰
主创设计师：余伟
设计团队：汤宣琴　颜芬　王扬诗
设计时间：2012年9月
工程地点：江苏邳州

主要经济技术指标
用地面积：66666.7 m²
总建筑面积：485478 m²
建筑容积率：5.3
绿化率：10%

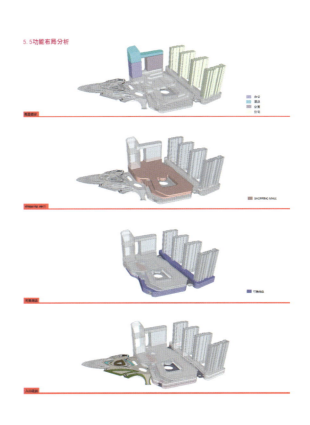

一、项目概况

项目位于老城区东北角，与邳州新城区相距仅3km。邳州新苏中心位于老城区与新城区发展金轴的重要位置——世纪大道南侧，瑞兴路东侧，闽江路北侧。在"一核一轴四片"市域空间结构的规划下,将成为东陇海产业带的重要节点区域、带动市域发展的核心引擎、生态宜居的示范区域。

新苏中心以"水韵新都、运河明珠"作为整个设计的切入点之一,建筑以独一无二的形象,犹如一颗璀璨夺目的明珠,闪耀于运河之畔,确立邳州门户新地标,打造未来都市新空间,引领未来邳州商业的发展方向。建筑中部的球形阳光中庭,无论白天或是入夜,都将以其醒目的标识性镌刻于邳州人的印迹之中。

二、建筑设计

设计概念——设计从青龙瓦当中吸取灵感,取青龙瓦当柔美之形,赋予建筑"龙"的概念,建筑盘旋上升,犹如一条巨龙,赋予新苏中心新的文化高度。"龙腾邳州"同时寓意着邳州这条经济巨龙不断向前发展。

本项目是建筑面积达33万m²的商业综合体,以其庞大体量、独特的造型,成为邳州新的门户地标。建筑格局与形

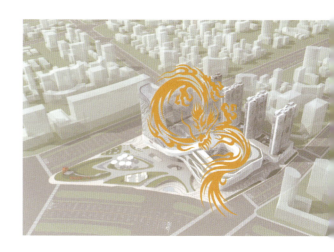

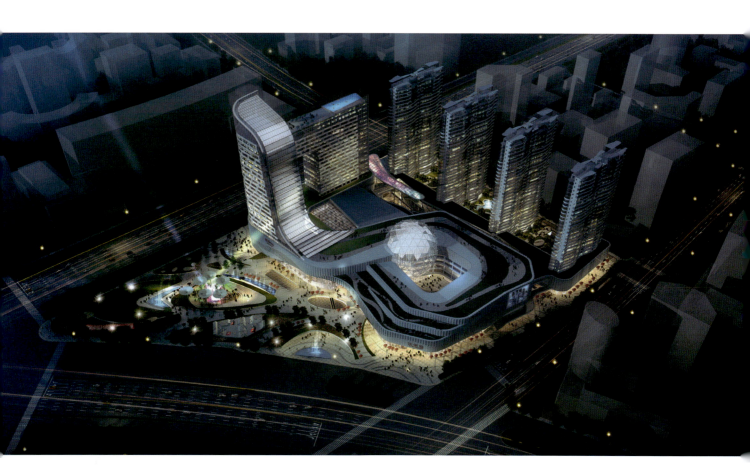

态应对大的都市要素作出呼应，并在城市空间的尺度上确立其形态与尺度定位。

将大型商业综合体与室外特色体验式购物街区相结合，一内一外，并通过"两核一环"的交通模式及多首层设计将购物空间与公园进行交融，提升商业氛围。不同商业业态组合，满足不同购物人群的需求，在通过Shopping Mall引领邳州商业发展的同时，通过商业外街的引入，将邳州零散商业整合，同时赋予商业街以特定主题，不仅能够更好地服务邳州市民，促进商业发展，而且能够提升城市形象，促进城市旅游的发展。

丹麦零碳排放生态建筑
——绿色灯塔

威卢克斯（中国）有限公司

图1 绿色灯塔夜景图

一、项目概况

项目管理：威卢克斯集团

建筑面积：950m^2

建筑功能：咨询中心

设计单位：克里斯坦森设计师事务所（Christensen & Co Architects）

战略合作伙伴：丹麦国家科技部、哥本哈根大学、哥本哈根市政府、威卢克斯公司、威尔法科公司

能源创意：科威（COWI）咨询公司

物业业主：丹麦哥本哈根大学

绿色灯塔项目是迄今为止丹麦第一个按照碳中和理念设计的公共建筑，位于哥本哈根市内的哥本哈根大学校园内，是威卢克斯集团"VELUX Model Home 2020"六个示范项目中，第二个完成的可持续节能示范生态建筑。该建筑为3层的圆形建筑，总建筑面积950m^2。

绿色灯塔的目标在于展示节能型建筑需求和建筑质量、健康室内气候以及良好的日光，是可以通过可持续和创新的建筑设计方法达到平衡的。绿色灯塔是2009年哥本哈根召开的联合国气候变化峰会（COP 15）一个带有政治性的展示项目，已于2009年的10月20日正式交付使用运营，同年荣获丹麦工业联合会颁发的"DI 2009建材创新合作奖"。2012年荣获LEED金级认证，成为丹麦首座获得LEED金级认证的可持续建筑。

二、绿色灯塔的建筑设计

1. 圆柱体的建筑外形

该建筑的设计目标是实现最佳的能耗效率、建筑质量、健康的室内气候和良好的采光条件。也就是说，绿色灯塔在设计之初，就是一个具有强烈展示功能的建筑。既要展示建筑各个不同立面接受日照、采集太阳能即时的数据变化，又要具备较好的建筑功能，最佳形状就是做成圆柱形。

2. 中庭

绿色灯塔采用了大中庭设计，其用意有五。一是根据其用途刻意设计出一种开敞、通透、开放的空间，二是为参观者聚集时提供集中讲解的功能，三是采用烟囱效应自然通风，四是提高整个建筑内部自然

图2 绿色灯塔内部的中庭

图3 建筑中庭自然采光通风

图4 顶部天窗室外太阳能动力窗及遮阳系统

采光的均匀度，五是解决竖向的交通组织。

3. 名为仪器的雕塑——绿色灯塔佩戴的艺术品

丹麦国家建筑规范里，有一个有趣的规定：每栋公共建筑，可以拿出相当于预算1.5%的资金来作艺术装饰。为此丹麦国家艺术院的两名艺术家，为建筑做了一个名为"仪器"的艺术雕塑。这个雕塑看起来像一个探测器，其主体由8个"手臂"组成，每个手臂上装有30面小镜子。艺术家说，如果天空晴朗阳光灿烂的话，仪器每一个"手臂"上，会在一年内的两天时间里，由两面小镜子投影在中庭的地板上形成一个圆形的光环。

4. 绿色灯塔的采光设计

建筑的内部照明以自然采光为主。结合丹麦当地的光气候条件，除了在建筑立面安装适量的竖窗，还在建筑的顶部设置了一定数量的威卢克斯智能太阳能动力屋顶窗。这无疑给建筑的中庭带来了

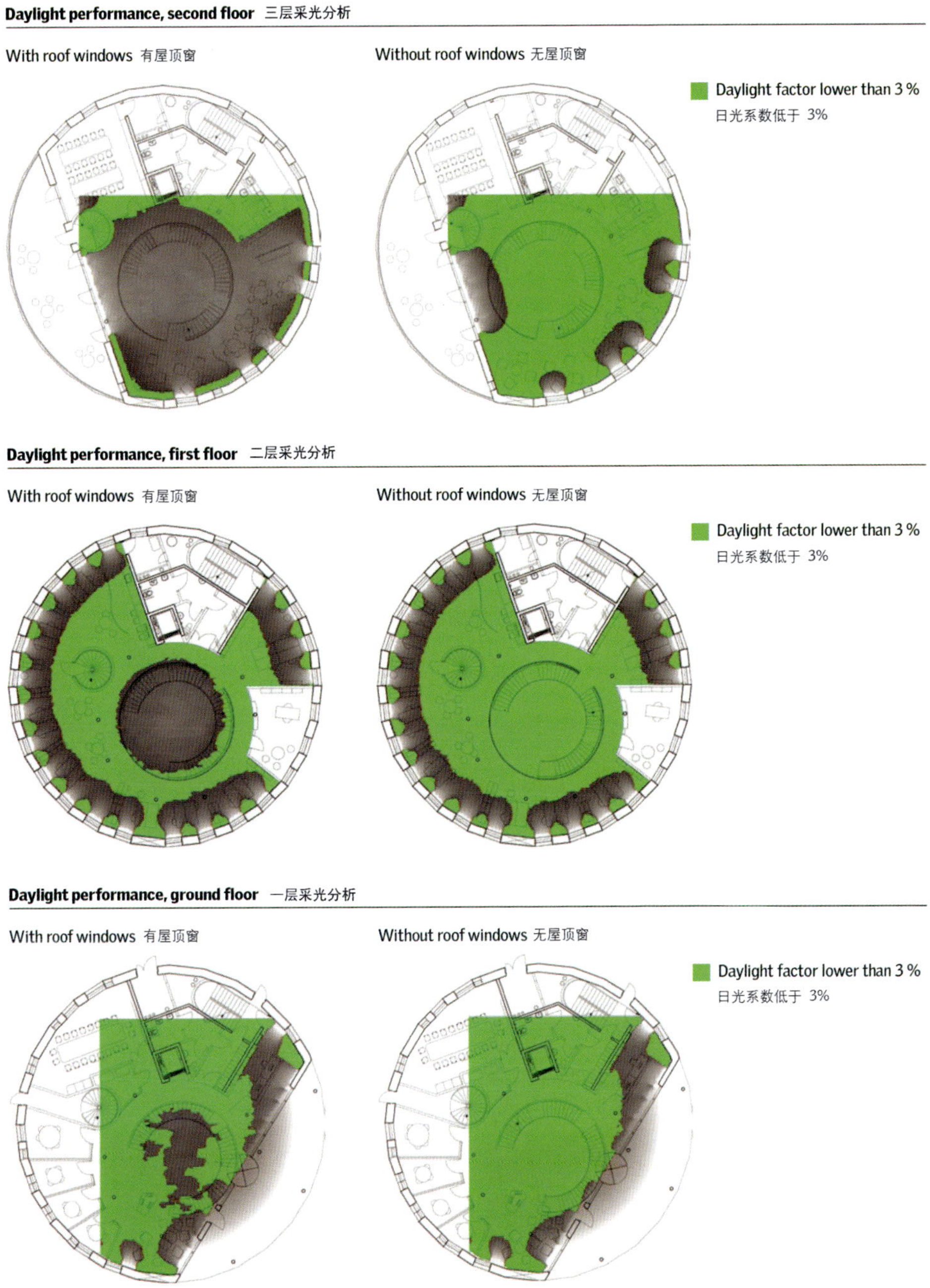

Daylight performance, second floor　三层采光分析

With roof windows 有屋顶窗　　Without roof windows 无屋顶窗

■ Daylight factor lower than 3 %
日光系数低于 3%

Daylight performance, first floor　二层采光分析

With roof windows 有屋顶窗　　Without roof windows 无屋顶窗

■ Daylight factor lower than 3 %
日光系数低于 3%

Daylight performance, ground floor　一层采光分析

With roof windows 有屋顶窗　　Without roof windows 无屋顶窗

■ Daylight factor lower than 3 %
日光系数低于 3%

图5 采光分析

巨大的光照度的变化。太阳能动力屋顶窗完全由太阳能供电，无须布线，一次充电可保证窗户开启300次，从而保证长期阴雨天气，窗户也可正常使用。与窗体匹配安装了隐藏式太阳能动力室外遮阳卷帘，能有效阻挡90%的辐射热量进入室内。

建筑初期采光模拟计算非常严谨，工程师与建筑师进行了反复的设计和比较。工程师们对建筑的每一个房间与角落，按全云天、半阴天、晴天等几种情况，对有眩光的部位，及采光系数小于3%的部位。对全年的几个标志时间段春分、秋分、夏至、冬至分别进行了计算，此次采光计算，用了威卢克斯集团最新开发的《采光模拟分析计算软件Daylight visualizer》，该软件经过国际照明协会的鉴定，是一款非常精确的计算软件，其对光照分析计算的结果，与实测结果的最大误差不超过4.9%，平均误差仅有2.9%。

三、绿色灯塔的结构设计

绿色灯塔项目由于体量较小,功能也比较单一,所以从结构设计上没有什么特别的地方,值得说明的是它的地基采用我们所谓的满堂红片筏基础,现浇混凝土,它的上部结构采用钢结构作为主要承重结构。维护结构采用预制件,由工厂加工制作,现场吊装。

四、绿色灯塔的能源设计

绿色灯塔项目能耗概念设计以实现二氧化碳零排放为目标。作为可持续、无碳、环保的建筑,必然会把能源的消耗与使用,作为一个重点课题来研究。其解决方案如下:

1. 绿色灯塔能源使用的总体思路

绿色灯塔的能源设计总体原则,一是降低能源需求,二是尽量使用可再生能源,三是高效使用化石能源。

2. 良好的维护结构保温性能

丹麦地处北欧,气候比较寒冷,建筑良好的保

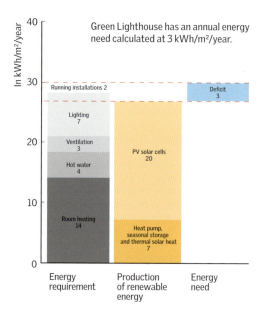

图6 绿色灯塔能源策略的具体实施

温性能是建筑节能的重要环节。这里值得一提的是太阳热的采集和阻止问题。在夏天,太阳过热是负面的,此时我们需要太阳的光线,并要求把太阳的热量隔绝在室外。而在冬天,我们在需要太阳光线

图7 绿色灯塔的结构施工过程

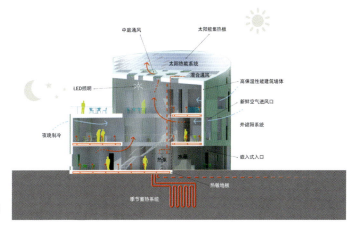

图8 绿色灯塔能源设计技术使用一览图

的同时，也需要太阳的热量。因而使用所有时间都是一个传热系数的Low-e玻璃，不能全面解决问题。绿色灯塔采用了与窗户相匹配的多种智能电控室内外遮阳、隔热窗帘等产品。

3. 太阳能光伏电池

绿色灯塔的屋顶上45m^2的太阳能光伏电池是建筑物主要能量来源，可满足照明、通风和维持热泵的运转需求。

4. 季节性蓄热技术

项目使用了季节性蓄热技术，这项技术的实质，是在夏天太阳能量过剩的时候，将一些热能以一定的形式储存在地下，待到冬天能源短缺时，再释放出来使用。

5. 能源中控系统和能耗记录系统

整体建筑约以100m^2为单位，分为9个区域，均设有光感、温感、风感、二氧化碳等若干个探头，对这些区域进行监控，一旦发现有需要，比方说光照不够、温度不够、空气质量不好，这些探头就会把信息发到中央处理中枢的电脑上，该电脑再根据室外的气候情况，通过自控系统，采取开关窗、启闭窗帘、启闭电灯等措施，使用最佳策略，来改善室内气候。同时，能源的使用记录系统还将随时记录各个区域的供热、热水、通风、照明等项的耗能情况，以供分析和研究。

6. 绿色灯塔的能源数据

绿色灯塔项目供热消耗指标初步估计为22kwh/($m^2 \cdot a$)。按预计方案，下列能源可以满足热能供应需求：

- 35％为可再生能源太阳能，来自于屋顶上的太阳能光伏电池。
- 65％为热泵驱动的区域热能，由储存在地下的太阳能热能供给，对生态环境不会造成威胁。
- 热泵可将区域热能利用效率提高约30％。

（按目前汇率计算，该项目每年的区域供热成本为1900欧元左右。）

这一能源设计是整个丹麦首次进行的尝试，是一次具有真正意义的试验。从长远来看，此方案可被推行至欧洲大部分地区的办公楼和厂房建设项目，并将成为未来二氧化碳零排放问题的创新解决方案而得到更广泛的应用。这一方案设计仍在不断完善之中。

最后，作为总结，我们想用该项目经理威卢克斯公司洛娜女士的一段话来结束本文：

日光，是一项非常重要的资源，绿色灯塔项目仅靠对日光合理设计使用，我们就节约了几乎过去照明用电的38％的能量。结合自然通风等环节，该项目通过精心的建筑设计，就使能耗降低了近75％。如果我们仅使用2009年的技术和材料，就能达到2020年的设计预想要求，那其实就是一个佐证，说明只要引起重视，只要精心设计，精心施工，人们是能够在很大程度上减少化石能源的使用增加可再生能源的利用。

让日光成为学校的符号
——瑞典职业学校改造项目

威卢克斯（中国）有限公司

建筑顶部　威卢克斯VMS公建天窗系统的应用，使这所20世纪60年代兴建的老式职业学校焕然一新

项目地点：瑞典 胡丁格市
建筑类型：老建筑改造
业主：Huges Fastigheter AB
建筑院：Origo Arkitekter建筑事务所
建筑设计师：Åsa Machado，Leontina Barreto
承包商：Temacus AB
施工单位：HMP Entreprenad
完成时间：2012年

Sågbäcksgymnasiet学校于1961年建成，位于瑞典斯德哥尔摩南区，是一所具有经典的20世纪60年代建筑风格的职业学校。虽然建筑质量极佳，但经历过五十年的风风雨雨，学校仍不可避免老旧破损。2012年，胡丁格当地政府决定翻新此学校。如今，Sågbäcksgymnasiet学校焕然一新，转变为一所名副其实的21世纪职业学校。建筑顶部北向安装了104个威卢克斯VMS系统天窗，替换了100多个老旧的天窗老旧。从而日光成为这所学校的符号，这让学生和项目参与者无不倍感自豪。

Sågbäcksgymnasiet学校的立面最突出特点是锯齿形屋顶。作为工业时代建筑的特色之一，锯齿形屋顶吸引了Origo Arkitekter建筑事务所项目主管的注意力。她认为锯齿形屋顶和天窗是翻新计划的重点，她们决定将学校的最好一面展示出来。

建筑师的设计目标是在不牺牲审美效果的情况下，尽可能满足所有的采光、保温隔热和技术要求。而锯齿形屋顶上旧天窗采用的毛玻璃，光的通透性和隔热性能极差，这成为设计限制的诸多重要因素之一。建筑师采纳了威卢克斯提出的整体解决方案，使这些问题迎刃而解。锯齿形屋顶上设计了四条朝北的天窗采光带，从而将日光引入室内，新的VMS系统天窗安装后，日光能够倾洒至室内，此外自然通风和隔热控制性能也更加出色。一个旧车间被改造成休闲区，学生可在此读书、喝咖啡。目前，学校已成为当地的"地标建筑"。

朝北的天窗非常适合新学校的采光需求。

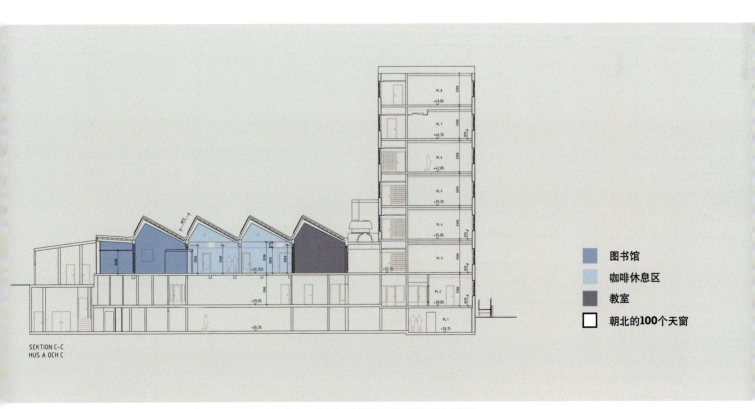

从Sågbäcksgymnasiet学校的截面图可以看出，新安装的VMS系统天窗覆盖大面积的学习区和休闲区

HMP Entreprenad施工单位的哈里·普拉卡对于威卢克斯VMS天窗的系统性概念非常满意

Origo Arkitekter建筑事务所的建筑师Åsa Machado和Leontina Barreto负责该翻新项目。

建筑师昂蒂娜·巴雷托认为威卢克斯的整体理念能满足所有需求，正因如此，让学校翻新变为一个机遇。原有的锯齿形屋顶对于朝北向天窗的安装极其理想。

产品解决方案
4排威卢克斯VMS公建天窗系统，朝北布置
89个尺寸为900 mm x 1700 mm固定式天窗
8个尺寸为597 mm x 1700 mm固定式天窗
7个尺寸为900 mm x 1700 mm智能可开启天窗
屋顶坡度为62°

他认为威卢克斯公建天窗系统简直就是完美，从托盘、标签到安装支架，整个系统的任何细节威卢克斯都深思熟虑，这让整个安装过程变得简单而快捷。

他和他的组员仅用了14天便将104个VMS天窗安装完毕。由于安装程序是固定的，越到后面，安装速度便越快。"完整的系统对于我来说十分重要。完成安装工作不需要其他工种配合。不但工作简化，工作时间也大大缩短。"

他认为威卢克斯将设计和隔热性能融合在一起的做法是新系统的创新亮点。"威卢克斯VMS系统天窗所带来的不仅是先进的技术，同时隔热性能极佳。再者，它还很有型。我了解市面上的其他天

窗，它们显得很笨重，结构复杂，效率低下。"

改造前的老旧天窗的棕色嵌丝玻璃使室内极为昏暗，而更新安装VMS系统天窗后则营造出日光充盈的环境，敞亮而舒适，学生也明显变得更加具有活力。

校长汉斯·阿尔姆格伦对于改造后的锯齿形屋顶尤为倾心，因为翻新计划既保留了原有建筑的外形和感觉，又使建筑的最初美感得以延续。他将之比作"经典现代主义的可靠学校"，他认为学校的精髓得以留存，20世纪60年代的质量一如既往，与此同时，其潜力也完全释放。

校长深谙创造有利学习环境的重要性，既要能够鼓舞人心，也必须让人有尊严。"天窗是正能量的源泉。建筑师总会想方设法将建筑与外界打通，引入日光，创造视觉深度。建筑内的每一个角落都变得敞亮，焕发出生机。良好且令人愉悦的学习环境对于他们的学习信心和积极意愿尤为关键。"

建筑师在色调搭配和使用材料方面的用心，体现了其在光线方面的深思熟虑。学生们能感受到这种正能量。改造后咖啡屋由原来的地下室往上搬了两层，迁到中心广场的正前方，这里光线明亮了许多，所有东西都让人耳目一新。充足的采光让大家在日光中生活工作。

福田中心区的规划起源及形成历程（二）
——市政建设福田中心区：征地详规后构建路网（1989～1995年）

陈一新　博士
深圳市规划和国土资源委员会副总规划师
国家一级注册建筑师

引言

1979～1989年，深圳市行政辖区包括深圳经济特区和宝安县两部分。特区下辖五个管理区：上步管理区（原福田公社）、罗湖管理区（原深圳镇、附城公社）、南头管理区（原南头公社）、蛇口管理区（原蛇口公社和蛇口工业区）和沙头角管理区（原沙头角盐田公社）。福田中心区属于上步管理区范围。特区人口增长速度过快，从1979年的7万人增加到1989年的102万人，平均年递增率高达30%，当时政府希望第二个十年控制人口增长，以保障深圳的正常发展。至1989年底，深圳特区经过近十年建设，大部分地区已经开发，但前十年的建设重点是罗湖区。1990年成立福田区，建设量较小。福田区范围除了香蜜湖度假村、高尔夫球场及靠边缘的地方有一些建设以外，大部分建设用地由规划控制预留下来，一直未动用，为市政府第二个十年全面开发福田区储备了用地，福田中心区将按照规划蓝图逐步付诸实施。

1989~1995年是深圳从传统制造业向高新技术产业转型阶段，市政府确立了大力发展高新技术产业和第三产业的战略方针，深圳产生了第一批高新技术企业，初步形成了包括计算机及其软件、通信、微电子及基础元器件、新材料、生物工程、机电一体化等六大领域的高新技术产业群。此阶段经济快速增长，全市GDP从115亿元增长到842亿元人民币。深圳金融业也开展治理整顿、体制创新。1990年成立深圳证券交易所，发行第一张股票，开创了中国发展股份制企业和资本市场的先河，实现由量的扩张向质的提高，金融业的转变发展走上新台阶。

深圳特区规划建设经过十年后呈现较好的社会经济趋势，1990年成立福田区，市政府对外宣布，深圳第二个十年将要开发建设福田中心区和南山中心区，以及深圳湾地区、龙珠工业区、盐田港区、大小梅沙、香蜜湖等片区。无疑福田中心区在特区的核心位置即将成为深圳二次创业的重中之重，规划和征地成为福田中心区开发建设的前奏序曲。

一、详细规划方案的咨询与征地（1989~1991年）

早在1985年编制深圳特区总规前后，中外专家曾几次提出福田中心区概念规划。1989年至1991年福田中心区详细规划方案经历了从咨询比选到方案综合，最后确定中心区详规方案的过程。

（一）首次咨询福田中心区详规方案（1989年）

1. 福田新市区土地开发

深圳在全国最早开展土地使用制度改革，1987年深圳市政府确定土地有偿使用方案后，由政府负责土地的七通一平后采用协议、招标、拍卖方式出让土地使用权。福田新市区是1989年土地开发工作的重点，总的原则是政府首先进行土地整片征地开发、七通一平后出让用地，而且由东向西，逐步推移，先路基管线，后路面工程，留有自然沉降的时间，资金上也易周转。福田新区地下管网，特别是排污系统，要与排海工程结合，使其市政管线与总体规划相协调。

1989年福田区开发土地面积4km²，投入开发基金1亿元，重点进行了梅林、彩电、莲花山、岗厦等工业、居住区及相关城市道路的开发工作。福田800m绿化隔离带也在这一年投入实施。

2.《深圳福田区道路系统规划设计》

1989年准备开发福田区之时，要求道路系统规划在上位规划基础上细化内容，并按照机非分流的原则做出一个能够付诸实施的规划设计方案。1989年7月市建设局委托中规院进行福田区道路系统规划设计，规划范围是福田区44.52km²，因该项目规划之前已有特区总规、福田分区规划，所以规划范围的土地使用性质已经比较具体。交通方面，通香港的皇岗新口岸设施及皇岗路已经建设，高速公路进入施工阶段，特区内东西向交通三条主干道中，北环路、深南路已经通车，交通的布局、道路的主骨架正按照总体规划的意图逐步实现。交通的先行建设，对福田新区土地开发起了促进作用，所以全区道路的全面铺开建设已列入市政府的计划。1990年2月完成《福田区道路系统规划设计》。

3.福田中心区规划首次咨询方案比选

1989年深圳市政府首次邀请国内外设计机构咨询福田中心区规划设计方案，这是中心区详细规划阶段的开端。1989年7月，市建设局委托同济大学建筑设计院深圳分院、中规院深圳咨询中心、华艺建筑设计公司三家单位编制福田中心区（北起莲花山公园，南抵滨河路，东起皇岗路，西至新洲路，总用地面积5.28km²）规划方案，要求重点探讨中心地段（东西宽700m，南北长2188m，占地面积约1.53km²）的功能布局、中轴线公共空间的形态及城市设计理念等。三个规划方案以及后来新加坡公司

图1 1990同济福田中心区规划方案　　图2 1990同济大学机非分流绿地系统图

方案特点如下：

（1）同济大学建筑设计院深圳分院方案，以三条轴线（绿色中轴、深南路交通轴、深南路与滨河路之间的平行商业轴）为中心区骨架，中心地段城市设计框架采用基本对称的格局（图1、图2），从北向南由庄重到繁华，表现不同的环境氛围。保持中心区机非分道系统，中心区绿地结合自行车专用道和步行通道，同城市绿地构成整体网络。土地利用模式大致分为三个圈层：内层为商业服务业及城市重要公共设施专用地，中层为混合用地，外层为居住用地。中轴绿轴呈喇叭形，与若干广场结合，与莲花山结合处设置全市集会广场，形成南北向绿色空间序列。在纵横轴交点处作行人与绿化平台，设城市标志。

（2）中规院深圳咨询中心方案，保持总规确定的南北轴线，深南路为东西轴线，两条轴线交汇处安排会议中心、信息中心、金融中心和商贸中心，并在中轴线上设一标志性建筑，深南路北为城市中心广场，路南为休息活动广场。采用方格式路网的大格局，道路力求规整（图3、图4），使中心区具有轴线分明、布局严谨的中国城市传统特色。用地分为三段共十组建筑群，适当加大建筑密度以提高效益，使良好环境与土地效益并重。深南路通过中心地段实行立交和快慢车分道。道路实行机非分流，建立自行车道和完善步行系统，预留轻轨交通

图3 1990中规院的福田中心区规划

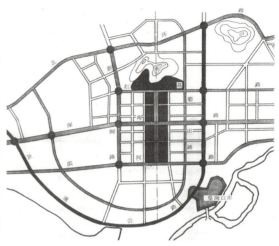

图4 1990中规院的福田中心区规划

用地。

（3）华艺设计公司方案，采用一条轴线（南北主轴）、两个广场（深南路北城市广场，路南文娱广场）、三个建筑中心（将27项公共建筑内容相对集中成三个建筑中心：科技信息中心、商业金融中心、行政图书馆、音乐厅）、四条放射道路（放射型街道与围绕中心广场的两条环形车道结合，有机联系区内各部分）的规划结构（图5、图6）。规划了自行车专用道和步行系统，尽可能人车分流。本方案还对机非分流道路模式进行了详细规划设计，汽车支路与自行车专用路相间布置，两者的间距考虑为100～150m，大体上能并列布置两栋住宅楼的位置。例如，宅前路一端接支路，一端接自行车专用路，两者共用，以便汽车从支路方向，自行车从专用路方向，都能到达同一座住宅楼。为吸引行人走自行车地道，公交车一般都布置在自行车专用路的地道口附近，使公共建筑、公交车站与自行车地道结合布置。根据上述方案，福田全区规划自行车专用路总长76km，共有64个自行车地道和一个天桥。比较福田区自行车专用路方案与三块板路自行车道方案的用地和造价，自行车专用路系统比三块板路系统的总长度减少72.8km，用地可节省11.4hm^2。由于自行车专用路无汽车通行，所以路面部分造价降低，节省的资金用于立交建设。如果三块板路的自行车道造价按平面交叉计算，自行车穿立交增加的费用不计在内，那么两者的总造价就差不多了。

（4）新加坡阿契欧本建筑师规划师公司

图5 1990年3月华艺公司方案模型

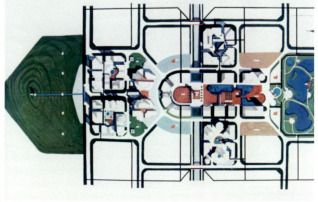

图6 1990年3月华艺公司方案总图

理论研究与规划

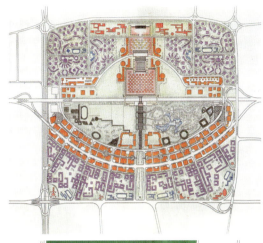

图7 1990年8月新加坡公司福田中心区方案

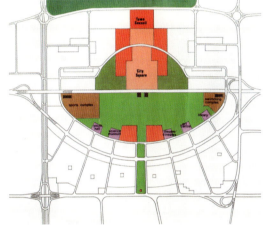

图8 1990年8月新加坡福田中心区方案

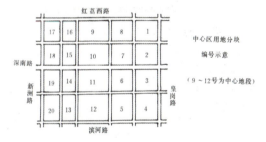

图9 中心区地块编号1989年12月中规院 来源：福田中心区规划方案说明书

图9-1 1990年初中心区现状照片 来源：华艺设计公司《福田中心区规划方案》

图9-2 1990年初中心区现状照片 来源：华艺设计公司《福田中心区规划方案》

（Archurban Architects Planners, PACT International）的方案采用了与上述三个方案截然不同的路网格局和总平面布局（图7、图8）。该方案规划设计理念是过境交通与地区交通相分离，并以建筑群的体量和布置，创造一个城市中心的绿地空间。

福田中心区赋予特色的中央开放绿地空间，既是城市中心休闲公园及文娱活动场所，也是城市行政与文化建筑的背景。商业带成弓形的图形，沿中央公园的南边布置。引人注目的现代化塔楼群的天际轮廓线，仅仅在弓形的中央部分中段以强调南北轴线和加强莲花山的显著程度。规划居住人口20年内达到20万人口，并规划相应的居住区和教育设施。商业区人口中，安排20%为本区居民作为职住平衡考虑。

4. 市规划委员会确定中心区规划方案

1989年，深圳市城市规划委员会委托国内著名专家对中心区的规划问题进行了专门研究，同年9月18日至20日，在市规划委员会会议上，由中规院、同济大学等4家单位提交了3个经过优化、重新构思的综合性方案。经与会专家研究审议，最后确定中规院的方案，并要求以该方案为构架，吸收其他方案优点。

1989年12月，中规院《深圳福田中心区规划方案说明书》中显示占地面积528hm²的中心区用地分为20个大地块编号示意图（图9）。

（二）福田区大规模征地拆迁（1990年）

1990年1月成立福田区，即原上步区改称福田区。福田区行政区域东起红岭路，西至车公庙工业区，南临深圳河畔，北到笔架山二线，全区面积68.8km²，辖区范围、面积与原上步区的范围、面积相同。从此，深圳市行政区划改为三区一县建制，即罗湖区、福田区、南山区和宝安县，总面积2020km²。时至1990年，福田中心区的现状照片（图9-1、图9-2）显示中心区场地仍是莲花山脚下

图10 1990福田中心区航拍　来源：《深圳城市规划——纪念深圳经济特区成立十周年特辑》

一片农田、水塘、河流及一小片民房。1990年8月深圳市建设局主编出版了《深圳城市规划——纪念深圳经济特区成立十周年特辑》，刊登了当时福田中心区现状鸟瞰的航拍照片（图10），充分证明中心区是在一片"空地"上规划建设起来的。

1990年6月广东省政府对"86总规"作出批复，原则同意《深圳经济特区总体规划》，进一步肯定了深圳特区城市定位和发展方向，肯定了城市组团式结构模式。至1990年末，深圳特区已建成8个工业区、1个科学工业园、50个居住小区、6个港口、5个出入境口岸；还建成了广深铁路复线、铁路高架桥及其路网工程、梧桐山公路隧道、水质净化厂、垃圾焚烧厂等一批基础设施；同时也建成了体育馆、图书馆、博物馆、科学馆、大剧院等文体设施，以及"五湖四海"、"锦绣中华"为主体的旅游设施，还配套了学校、医院、科研用房和商业服务设施等，一个现代化城市已初具规模。1990年全国第四次人口普查深圳总人口168万人，全市建成区面积为139 km²，其中特区建成区面积约70km²，特区人口首次超过100万人（其中户籍人口近40万人），当年完成固定资产投资约57.9亿元（含基本建设投资49.5亿元）。按照深圳特区总规到2000年的人口规模是110万人。可见，特区人口增长速度超过了规划预期，城建速度滞后于人口增长速度，建设新的城市中心迫在眉睫。

1. 福田区大规模征地拆迁

1990年深圳城市建设工作重点是抓好征地、拆迁、设计、施工四个环节。1990年初成立福田区后市政府首先开展征地拆迁工作，福田中心区是深圳历经几次建设热潮预留下来的组团建设用地，但大部分土地属于各村集体土地。农村集体所有制土地的所有权属于村委会，农民个人只享有使用权。根据城市建设和社会经济发展的需要，可以依法征用农村集体所有制土地。由于征地工作进展缓慢，已经影响到福田新市区的开发。如果征地工作解决不了，那么规划实施工作则无法开展。为此，深圳市政府特别重视征地这项工作。在征地工作方面，1990年共征收特区农村集体土地约1.2万亩。市政府同意福田区岗厦村、新州村、沙尾村、渔农村、上梅林村、下梅林村、水围村、福田村、石厦村、沙咀村、皇岗村土地共11492.956亩，用于兴建福田新市区工程。在区政府的协助下，市政府为了打通彩田路及商业街，1990年初进行了彩田路（岗厦段）范围内房屋拆迁安置的工作。拆迁安置房在岗厦村东、西两块预留地上安排，楼房实行统一规划、设计，兴建七层住宅套房。1990年主管部门对福田新市区范围内农村集体所有土地依法进行统征，但梅林工业区土地已经相继开发，配套生活区用地急待征用开发。

2.《福田区道路系统规划设计》确定中心区方格路网，机非分流方案尚未成熟

1990年2月完成《福田区道路系统规划设计》成果提请规划委员会审议。成果主要内容包括：

（1）方案构思，道路系统设计有各种模式，本方案采用机动车与自行车分道模式（图11），考虑到福田区既处在特区东西交通必经之地，又处在东西南北过境交通的交汇处，汽车交通将非常繁忙。自行车交通与干道脱离的做法，有利于解决交叉口的设计，提高干道的交通效率。本方案设计注意，将汽车交通、公共交通、自行车交通、步行交通等各种交通工具结合研究，尽量各取所长，合理安排。

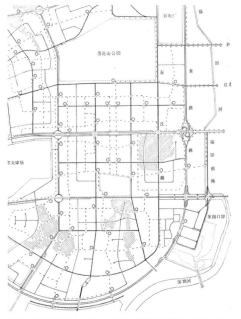

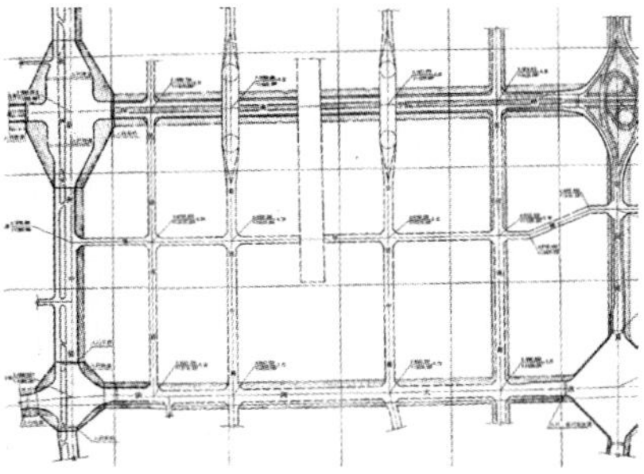

图12 1990年中心区南区路网图 来源：深圳市交通运输图册.深圳市建设局、武汉钢铁设计院深圳分院主编.广东省地图出版社，1990年10月

图13 1990年中心区北区路网图 来源：深圳市交通运输图册.深圳市建设局、武汉钢铁设计院深圳分院主编.广东省地图出版社，1990年10月

图11 1990年2月，中心区道路机非分流图 来源：福田区道路系统规划设计，中规院

（2）根据机非分道方案设计结果分析，建设自行车专用道系统不需增加投资，技术并不复杂，而使用效果将与三块板道路系统大不相同。原则上希望机非分道方案贯彻到福田区每个街坊，只有每个街坊的土地使用布局理清楚了与机动车及自行车交通的关系，并设计一套专用于自行车的交通信号及标志，制定一套严格执行和管理分道行使的交通处罚方法，机非分道方案在总体上才能可行。

1990年3月深圳市城市规划委员会第四次会议审议《福田区机动车——自行车分道系统规划》、《福田中心区规划——三家方案：中规院深圳咨询中心、同济大学建筑设计院深圳分院、华艺建筑设计公司》。这次会议还确定在新建的福田组团按机非分道系统进行设计和建设，减少非机动车对汽车交通的影响。会后，主管部门把福田机非分道系统规划设计工作作为一项中心工作，抓得很紧。但在机非分道方案设计、开发建设程序、工程建设程序、工程量投资估计等方面存在不少问题和矛盾。在协调工作上大家意见分歧较大；在进度上，设计工作进展不快，不能如期完成。因此，很大程度地影响了福田区的开发建设和几条主要道路的施工，情况非常紧迫。周干峙先生的意见是，机非分流规划是规划委员会上定的，市里负责组织落实，原则问题、技术问题，由市里决定；至于机非分流到哪一级的问题，不要绝对化，可以根据具体情况而定。1990年5月规划主管部门认为，由于福田新市区的机非分流规划的技术问题比较复杂，机非分流规划定不出来，影响了福田新市区的土地开发工作。福田新市区的机非分流规划，是一个较为先进的交通规划，当时是中国城市规划的首例，但实施有一定的难度。

1990年10月出版的《深圳市交通运输图册》中已有福田中心区方格网道路图（图12、图13），但道路网格较大，次干道和支路的路网密度较低；而且，彩田路、民田路与深南路平交；金田路、益田路都上跨深南路简交，新洲路与深南路立交下面四个方向都有人行地道或人行天桥。福田中心区的道路网格后来进一步划分小块，道路密度有所提高，局部交叉口形式也有更改。

3. 福田中心区规划方案专家评议会

1990年10月市建设局召开了福田中心区规划设计方案专家评议会，与会专家对同济大学建筑设计院、中国规划设计研究院、华艺设计顾问有限公司、新加坡阿契欧本建筑师规划师公司（Archurban Architects Planners, PACT International）等四个方案进行了三天热烈讨论和认真评审。在周干峙院士的主持下确定了福田中心区的规划设计思想。会议认为，四个方案基本属两种风格：一种是传统方格网道路的做法；另一种是突破传统的手法，采用新的城市形式。绝大多数专家倾向于新加坡阿契欧本陈青松先生的方案。认为该方案构思完整、有鲜明的特点，具有突破性及与众不同的环境空间。但由于邀请的专家未能全部到会，尚需另行征求意见，同时还需向市政府领导汇报，会议未作结论。

1990年11月28日，市政府召开福田中心区规划方案专家评议会，专家对福田中心区上述四个规划方案进行了专题研究。专家们认为，福田中心区是深圳市的核心部分，必须将福田中心区规划方案搞好。福田中心区宜采用总体规划所选择的方格网道路格局，可考虑中国规划设计研究院、同济大学建筑设计院、华艺设计公司三个方案为基础，并注意吸收新加坡陈青松先生规划方案的优点和手法，克服三个方案中的不足。建议由中国城市规划院进行综合和完善。此阶段城市规划的主要问题是规划深度不够，特别是竖向规划设计和水电等市政规划工作跟不上建设发展速度。为了适应福田区开发的迫切需要，在完善福田中心区规划方案进程中，会议要求设计院1991年2月中旬前，正式提交深南大道、新洲路的道路断面、坐标、标高，作为道路设计的依据；并要求1991年3月底之前完成福田中心区规划方案初稿（包括机非分流道路系统），报送市政府审议。

（三）综合中心区规划咨询方案（1991年）

1991年是深圳市证券市场打基础、扩规模、立规范、大转变的一年，制定并颁发了《深圳市股票发行与交易管理暂行办法》、《深圳市证券机构经营管理的暂行办法》等一系列配套措施，为深圳金融健康发展提供制度保障，也为福田中心区未来建设以金融贸易为核心功能的中央商务区播下了"种子"。1991年深圳颁布了《关于加快高新技术及其产业发展的暂行规定》明确"把发展科技放在经济和社会发展的首要位置"的战略思想。深圳经过十年的规划实施和正在建设的四通八达的海、陆、空交通体系，基本建设规模逐年扩大，1991年完成基本建设投资80亿元，为今后社会经济发展提供了较好的投资环境。金融业和高新技术的顺利发展，为深圳建设区域性金融中心城市奠定了基础，也为开发建设以第三产业为主的福田新市区开创了新局面。

根据深圳"八五"计划（1991~1995年），重点是开发建设福田区，有步骤地实施组团规划。1991年之前的福田新市区用地规划中工业用地偏高：工业用地占12.9%，居住用地占24.5%，商贸用地占10%。为适应特区进入21世纪的经济腾飞，在新区建设中要准备足够的国际金融和贸易用地，计划在城市建设用地中将商业办公楼用地提高到12%，五年累计新增商业办公楼用地329hm^2，新建商业服务业用房120万m^2、办公楼建筑面积66万m^2。因为深圳的目标是发展高新技术和以金融为主的第三产业，希望深圳成为第三产业比较发达的城市，所以规划提出要加大办公楼和商业服务用房的建设量。

福田新市区紧邻罗湖上步，是特区带状组团结构的中心组团，又拥有天然的资源景观优势，背山临海，与香港仅一河之隔。该区总用地为44.5km^2，可建设用地36.8km^2，其范围东以福田河800m绿化带中心为界，西至小沙河；北起特区管理线，南抵深圳河、深圳湾。是特区内预留的组团建设用地，特区总体规划确定福田新市区是全市的金融、贸易、信息和文化中心，在该区的中心地带，布置了5.3km^{2}的全市新中心区——福田中心区北靠莲花山，南临深圳湾，规划构思突出明确的中心轴线，既要发扬中国传统特色，又要反映现代化城市风貌，是未来深圳形象的特征，使深圳成为一个国际性现代化城市的标志之一。

1. 福田中心区规划咨询综合方案

福田中心区规划方案咨询工作已经进行了两年时间，并邀请了国内外专家进行了多次评议。1991年在总结分析上述咨询方案基础上提出新的综合性方案构思。1991年7月，市建设局组织福田中心区第二次方案研究，旨在总结分析中心区的开发方向及程序，对1989年征集的三个方案和新加坡PACT规划建筑公司的方案进行优化综合。1991年8月由同济大学建筑研究院和深圳市城市规划设计院合作提出综合方案（图14）。本次规划范围在彩田路、滨河路、新洲路、红荔路四条干道内，总用地面积4.06km²（注：福田中心区规划范围首次从5.28km²缩小到4.06km²。起始时中心区以皇岗路为东边界，后来彩田路建成后，东边界改为彩田路，中心区范围缩小了约1km²），规划总建筑面积785万m²，居住人口10万人。该方案定位福田中心区是文化、信息、金融、商业中心，与其他组团分工发展的标志性区域。规划主要内容为：

（1）总体布局以深南路和南北绿轴的交汇点为重心划出三个层圈（图15），内层圈以广场、绿地组成全市标志性空间，中层圈安排商业、文化等大型公共设施，外层圈为商业居住混合区域。南北路网区分，北片以严整路网、大型文化设施、中心广场及其界面整体设计体现庄重与秩序；南片通过弧线放射路网、商业性建筑的组团集中和丰富的建筑面貌显示特区的开放与生机。

（2）交通规划提出机动车交通应呈网状分布（图16），以促使土地的均衡使用，并有进出中心区的多向选择性；公共设施集中区域应人车分流，并与深南路及中心绿轴连成人行网络；自行车对中心区的高效构成影响，但在相当时间内是人流活动的一种重要交通形式，为保证中心区的交通顺畅和方便，设自行车专用道是必要的。

（3）土地利用将中心区用地分为商业性用地、非商业性用地和弹性用地三类，应在保证中心区用地结构合理基础上尽量多安排商业用地并提高使用强度。将中心区用地划分为25块，以利于用地分类统计并易于识别。居住用地安排于四角及边沿地带，设想未来开发以高层商品住宅为主，居住人口安排10万人。规划用地的技术经济指标为：商业用地78hm²，占总用地比重19.3%；商业混合用地51hm²，占12.6%；居住用地107hm²，占26%；政府/社团用地17hm²，占4.3%；商绿混合用地（商业结合绿地布置用地，比例各半）5hm²，占1.2%；绿地58hm²，占16.2%；道路广场用地69hm²，占

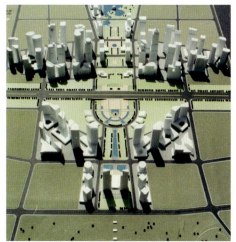

图14 1991年8月同济、深规院合作规划设计的福田中心区综合方案

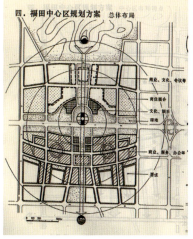

图15 1991年同济深规院合作综合方案，福田中心规划方案

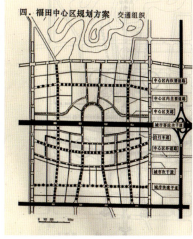

图16 1991年同济深规院合作综合方案，交通组织

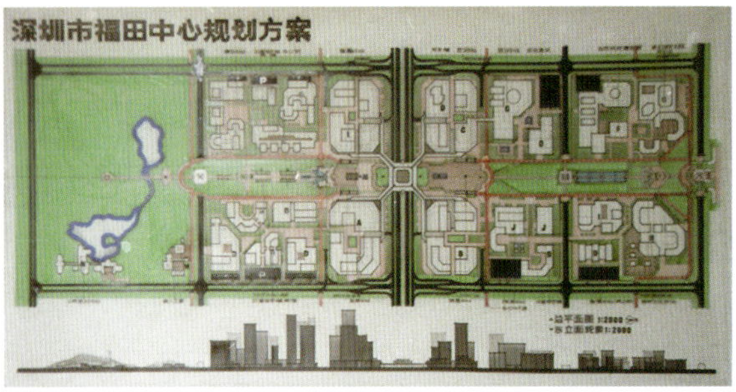

图17 1991年中规院综合方案

图18 1991年中规院综合方案

20.4%，合计总用地面积385hm²。

（4）空间规划要求深南路的中心区段景观应具有强烈的特点，即建筑群组合的特点和沿路开敞空间的特点；南北绿化主轴线是总体规划的精彩之笔，起到人流活动和空间组织的双重作用；中心区的建筑形象和空间轮廓不应是完全随机的，应在规划阶段加以组织并以路网结构形式对此加以某些限定。

2.市城市规划委员会第五次会议通过中心区方案

1991年9月深圳市城市规划委员会第五次会议确定了今后10年深圳特区城市发展规划，修正和通过了福田中心区规划方案、特区快速干道网系统规划和深圳市轻铁交通规划等。对中规院深圳咨询中心、同济大学设计院与深规院合作、华艺公司提供福田中心区规划的修改方案进行了专家评议，评议意见基本统一，同意周干峙副部长提议的以中规院方案为基础，吸取其他两个方案的优点进行深化和综合方案（图17、图18）工作。

3.中心区继续大规模征地拆迁和基本建设

（1）早在1991年深圳市政府准备启动深圳国际会议展览中心项目，以此带动中心区开发。根据会展中心的特点和福田中心区规划布局，拟选址在福田中心区北部、金田路西、红荔路南布置会展中心用地（图19），由两块面积分别为3.8万m²和4.3万m²的用地组成。根据规划要求，允许该地块上总建筑面积为26.5万m²（不含停车场及设备用房），其中酒店、办公、公寓、商业的建筑面积为16.5万m²，会议用房3万m²，展览用房7万m²。该项目地理位置优越，交通极为便利，处于未来行政、经济、文化中心，加上该项目特殊的使用功能，其市场发展潜力巨大。

（2）1991年深圳市政府投资约1.26亿元建设新洲河兴建大型水利设施，上半年基本建成。但深南大道福田路段的勘测设计工作至1991年10月尚未进行，此事已经成为管理部门十分紧迫的工作。

（3）福田中心区的开发工作已全面开展，1991年继续进行征地拆迁。例如，1991年1月市国土局同意福田区国土局进行彩田路拆迁范围内的首期拆迁该路段9间工人宿舍（建筑面积1905m²），并在原岗厦村红线内迁建。1991年12月市国土局征用福田区岗厦村委会在深南路与彩田路交叉口土地44.7亩，作为深南路与彩田路平交口工程用地。这一年仍然不断征地拆迁打通福田中心区主干道的工作。

二、完成中心区控规及市政道路工程设计（1992～1993年）

1992～1993年，福田中心区确定了详细规划和建设总规模，完成了市政道路工程规划设计。

（一）控规定位福田中心区为深圳CBD（1992年）

1992年邓小平同志南巡讲话激励了特区建设热潮，为适应深圳社会经济发展需要，国务院1992年8月批准同意深圳市改革市管县的行政管理体制，撤销宝安县建制，改为深圳市宝安区、龙岗区建制。同年11月，深圳特区实现了农村城市化，其区属68个行政村全部撤销，改建为居民委员会，4.5万农民全部转成为城市居民。特区内完成了农村向城市、农民向居民的两个转变。1992年12月深圳市政府正式宣布成立宝安、龙岗两区，全境实现行政管理一体化。全市分为5个市辖区：福田区、罗湖区、南山区、宝安区、龙岗区。年底深圳常住人口达260万人，全市GDP达人民币317亿元。高新技术产业迅猛发展，高新技术产品产值达47.3亿元，占全市工业总产值的12.7%，当年完成基建投资115亿元。

然而，深圳土地管理工作形势严峻，特区327.5 km²内可供开发利用的土地仅150 km²，至1992年底已划出130 km²（其中已建成75 km²）。自从1987年实行土地有偿使用制度至1992年，市政府收回的各种地价款不足50亿元，若按最早预计的地价款总收入500多亿元计算，所占比例还不到十分之一，而土地的利用率却已过半，数目差额巨大。原因是多方面的，因1987年以前大量行政划拨的土地，即党政事业单位，包括部队及企业占用了大量的土地和1987年以后大量的协议用地等问题，加上历史形成的土地分割管理和管理不严的情况相当严重，既影响了城市规划建设，又导致了地价收入的大量流失，使土地的价值没有达到预计的水准。因此，1992年3月5日，深圳市政府成立市规划国土局，统一管理规划、国土及房地产市场，并实行市局、分局、国土所三级垂直管理格局，结束了特区起步时土地分割给几大国企管理的局面。另外，1992年7月1日七届全国人大常委会第二十六次会议赋予了深圳特别立法权，从此有了深圳地方规划国土管理的改革创新立法权。

1. 亟待确定中心区建设规模等问题

1992年1月主管部门根据1991年汇总的福田中心区规划方案，向市政府提出几个重要问题，请市政府在听取中心区规划方案汇报后作出决定。

（1）如何确定福田中心区的总建设规模（平均毛容积率）？根据"86总规"确定福田中心区居住建筑容积率1.1~1.3，公共建筑容积率2~6，中心区平均毛容积率1.55~3.65（居住用地和公建用地约各占一半）。现福田中心区规划方案拟定的容积率为3.2~4，总建筑面积达960~1200万m²，其中：公建占760~900万m²（含办公、宾馆、商业），公寓和居住占190~220万m²，可提供就业职位27~35万个，常住人口7.7~10万人。

（2）如何确定中心区内轻铁线路布置方案？第一方案是轻铁线路沿深南大道布置，第二方案是轻铁线路沿深南大道偏南约200米处布置，应采用哪个方案？政府正在选择之中。

（3）关于机动车和非机动车分道。机非分道是原来部领导确定的三个原则之一（中轴线、方格网、机非分道），现方案中对机非分道的考虑已很少，那么是否还设机非分道？

1992年1月市长听取汇报后确定的原则：福田中心区按高方案规划配套，在实施中可以进行局部调整。同时在福田中心区不设自行车专用道。中心区的建设规模采用高方案，即中心区就业总量40万人，居住人口17万人。目标是使深圳在外贸和金融方面成为国内外联系的枢纽。同年4月，市政府领导听取了主管部门关于深圳湾和福田中心区等规划工作的汇报后，首先，基本同意中规院深圳分院调整后的福田中心区详细规划方案（图20）。总建筑面积为1200万m²，并在深南路南面两个"中心区"（指被中轴线分开的东西两个核心商务片区）和北面公共中心及地下全部打通，以形成地下商业区和步行交通网络。其次，为满足建设的迫切需要，可先在深南路以北开发一个以住宅为主的小区，在深南路以南开发一个公建区。在开发中，住宅和办公楼等公共建筑要同步进行。最后，建设国际性会议展览中心，宜在中心区北部按20万m²作规划，考虑分期建设，可先给10万m²土地。

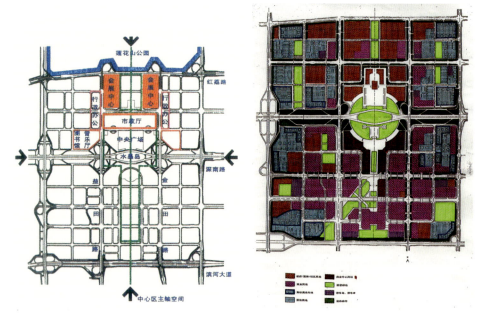

图19 会展中心1991～1996年选址位置 来源：《深圳市中心区城市设计与建筑设计1996-2002》系列丛书10深圳会议展览中心

图20 1992年中心区详规用地规划图，中规院

1992年完成了福田中心区规划、福田分区等24项规划方案调整与审定工作，为开发建设作好准备。1992年4月，市规划国土局请示市政府成立深圳市规划国土局"福田新市区工作组"和"深圳湾开发工作组"，两个组的领导成员由一套班子组成，其下设办公室也是一套人员，显示市政府已将福田新区的开发建设列入重要工作。

2. 福田中心区详细规划定位为深圳CBD

1992年由中规院深圳分院编制的福田中心区详规（又名：福田中心区详细蓝图）将中心区规划定位为深圳CBD（图21），当时在国内尚属首批（同时期定位城市CBD的仅上海浦东陆家嘴）。深圳CBD以金融、贸易、信息、高级宾馆、公寓及配套的商业文化设施、教育培训机构等为发展方向，区内以高层建筑为主，南区是中国最大的金融贸易中心之一，规划全部工程预计20年完成。在综合以往咨询方案基础上，编制了《福田中心区详细规划》，该规划成果对后续规划与实践产生深远影响有两点：

（1）该规划确定的中心区方格网道路骨架是成功的，中心区此后一直沿着方格道路框架深化规划设计，并成功实践了方格网道路布局的城市交通综合规划体系；

（2）当时规划提出中心区开建设规模高、中、低三个方案是睿智的，而且，市政府1993年高瞻远瞩地确定中心区公建和市政设施按高方案规划配套，各地块的建筑总量取中方案控制实施。这一点充分体现了弹性规划、持续发展的科学发展观。

该规划方案通过对纽约、芝加哥、费城、旧金山、上海等几大城市CBD（中心商务区）用地和建筑规模的比较，提出了福田中心区以下三种不同的建设规模：

A.低方案：按照《深圳城市发展与建设十年规划与八五计划》的城市规模和人口控制要求，曾经提出规划2000年特区内人口控制为150万人，建成区150km^2，以此为依据推算的福田中心开发规模则为低方案658万m^2。CBD核心区建筑面积是217万m^2。

B.中方案：在低方案基础上增加金融、贸易等办公面积250万m^{2}即为中方案960万m^2，以适应深

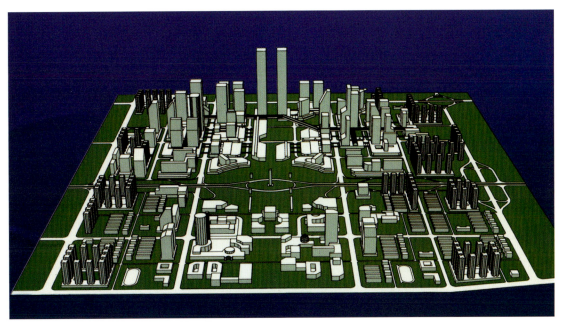

图21 1992年中心区详规

圳发展成为外向型综合性多功能的地区性经济中心城市。CBD核心区建筑面积是470万m^2。

C.高方案：规划超前并留有较大弹性，满足深圳作为全国经济中心城市之一的发展需要而成为高方案1235万m^2。CBD核心区建筑面积是538万m^2。控规确定福田中心区规划总建筑面积约1240万m^2，可供45万人就业，11万人居住。

3.中心区市政工程规划设计

1992年1月，市建设局委托北京市政设计院深圳分院进行深南大道（中心区段）市政道路工程设计，要求完成方案、扩初、施工图三阶段设计。同年3月，市建设局审查同意北京市政设计院报来的该工程方案的平面及所采用的技术标准；决定新洲立交采用深南路上跨方案，新洲路人行天桥按地道移到立交外。同时要求中规院抓紧完善福田中心区的道路交通工程规划。

1992年6月，市建设局委托武汉钢铁设计院深圳分院进行福田区55km^2范围内市政工程规划完善配套和汇总已设计的小区市政工程，以及中心区规划调整后的市政工程协调。由此证实，福田区的开发从90年代正式拉开序幕，福田区是深圳第二个十年城市建设的浓重一笔。同时，福田中心区的市政工程遇到一个棘手问题：当北京市政设计院正在做深南大道中心区段的施工图设计时，在原定中心区规划方案中，深南大道（中心区段）与金田路、益田路两个立交方案采用下穿深南大道的方案。但工程地质勘察报告显示，这两个立交地点地下水位比较高（约4.3m），而金田路和益田路的路面标高比较低（约1.35m），为此，金田路和益田路下穿部分在结构上要考虑全封闭、抗浮力、抗渗漏等措施，因此下穿方案造价较高，工期较长，且长期运营维修费用较高。鉴于以上原因，北京市政设计院对深南大道与金田路、益田路两个立交点采用下穿还是上跨，提出了比较方案。由此在市政府领导、主管部门以及有关专家范围内展开了广泛的研讨，1992年7月正式同意北京市政设计院采用金田路、益田路上跨深南大道的立交方案。同年8月通过了上述两个立交的初步设计审查，并要求金田路、益田路的东边及西边辅道均加设非机动车道。快慢车道绿篱减为3.5m。非机动车道宽为5m。人行道移至非机动车道外侧。

1992年8月，福田中心区市政工程在紧锣密鼓中进行，由于滨河路快速交通系统对中心区段的交通规划有干扰，因此，彩田路、益田路、金田路均需采用立交处理。但与新洲路、皇岗路已明确建立交，中间再建三座立交后，在彩田路至新洲路之间2.3km范围内，变成了五座立交。鉴于这种情况，到底再建三座立交好，还是全路段高架合适？因此，主管部门委托北京市政设计院深圳分院针对滨河路需要建几座立交还是全路段高架，做出比较方案。同时，市规划国土局召开福田中心区交通规划汇报会议，同意福田中心区总的路网格局不再变动；彩田路、福强路、红荔西路、金田路、益田路、福中路、福华路均按六车道规划设计。

与中心区功能定位及高规模开发相匹配的电力工程规划，预测中心区的总用电负荷，采用高于深圳市当时标准，达到或接近中国香港、日本、美国等相同档次的中心区指标。根据负荷估算，规划在中心区设220kV变电站三座，110kV变电站五座。根据中心区对现代化通信的要求，通信工程规划在区内设置四个电话局，包括1999年建成的邮电信息枢纽中心。燃气规划采用近期设计与远期规划相结合，近期气源为液化石油气，远期为天然气。按照深圳市燃气管网总体规划，在红荔路、彩田路、滨河路、新洲路设无缝钢管，组成总环网，向中心区供气。

4. 中心区规划新闻发布

1992年5月深圳市政府在新闻吹风会上发布：深圳市在20世纪末迈向国际性城市的宏伟蓝图已经描定，福田中心区将建成对外贸易中心和金融中心、信息中心、图书馆、音乐厅等。作为深圳市未来中心——福田中心区被定为深圳今后10年城市开发建设的重点地区，力争5年形成规模，10年实现蓝图。根据规划，福田中心区道路网呈方格型，并以五洲广场（现称市民广场）为中心，呈对称分布，在两条圆弧形道路的中间，一座高大、现代化气氛浓郁的雕塑屹立在巨大的椭圆形草坪中央，与四周宽阔的草坪、花园相连，组成深圳市中心广场——五洲广场。广场四周，70多栋20层以上的高层建筑而且大多是超高层智能型大厦，规划40多万就业岗位、10多万居民，地下有现代化地铁穿过。在广场南侧，两栋高120层488m的双塔形大厦直插云霄。至1992年底，市政府已在此投入了近10亿元巨资，水、电、路网建设基本完成，一批建筑工程进入施工阶段，整个中心区呈现出一片热气腾腾的开发建设的繁忙景象。

5. 五洲广场方案首次公开招标

1992年10月福田中心区最早的设计方案公开招标，根据中心区规划，在深南大道与南北向中轴线的相交处布置一个椭圆形广场，暂名为五洲广场，并设立标志性物体。该广场南北宽400m，东西长550m，广场北面是行政办公、文化设施用地，南面是商业用地，并有轻铁从地下通过，东面是金田路，西边是益田路。为了使五洲广场获得一个高水准的规划设计方案，市规划国土局向中外各界发出方案招标通知。

6. 市场投资对中心区初现热情

1992年随着改革开放的深入，特别是邓小平同志南巡讲话发表后，深圳特区第二个十年建设高潮来到了，部分省市驻深办、部委办、银行、证券、保险等多达37个单位和部门纷纷希望在福田中心区申请建设办公楼，但鉴于福田中心区总用地面积仅4km^2，且市政占地约1/4，用于兴建办公楼的净用地约为50hm^2，可建约67栋办公楼。目前申请在福田中心区建大厦的单位多达37家，平均每家要求划拨土地1~2hm^2。考虑以后还会陆续有单位要求在福田中心区建设，如果再考虑招标用地等，则土地供应更加紧张。正因为福田中心区土地供应少于建设单位的需求，且申请拟建大厦的建设规模普遍小于规划的建设规模，不利于有效发挥中心区的土地价值。因此，当时规划国土局领导富有长远历史眼光，对于这轮申请用地的高潮一直持谨慎态度，为十年后中心区成功建设为深圳CBD预留了土地资源。

（二）完成市政工程设计（1993年）

统计数据显示，1979～1993年的15年间，深圳全市累计基建投资578亿元，开发城区面积75km²，建成9个工业区，60个住宅小区，4个港口区，1个国际机场和火车站新客站等，经济形势喜人。而且，1993年深圳进行了大规模市政工程建设，基本建设投资172亿元，是深圳特区有史以来最多的一年。1993年全市土地开发总规模为20.8km²，其中政府出资开发9.6km²，企业开发11.2km²。政府开发的总投资27.5亿元。土地开发的主要项目是福田中心区、松坪山生活区、南头第五工业区小区配套等。1993年土地供应计划以福田中心区为重点，包括皇岗公园生活区、高科技工业区、岗厦小区、石厦生活区和新洲居住区共七个开发区。

为了适应特区经济发展的需要，发挥城市规划的超前作用，针对"86总规"已不能适应特区社会经济发展需要，特别是宝安县撤县建区后，规划范围由特区327.5km²扩大到全市2020km²，对城市的范围、性质、规模、目标、地位等方面应重新论证，1993年5月市政府再次组织总规修编，以建设国际性大都市为目标，衔接已有的规划与建设现状，满足未来发展的需要，1993年基本完成了《深圳经济特区总体规划修编纲要》。1994年7月市城市规划委员会第六次会议审议了总规纲要，根据审议意见又进行了修改，1994年9月完成了总规纲要（送审稿）。

1. 福田中心区详规批复

1993年6月，市规划国土局召开福田中心区规划设计审查会议，向市领导汇报后基本确定了福田中心区的规划大框架及其重要事项。市领导原则同意中规院深圳分院提交的《福田中心区详细规划》，公建和市政设施按高方案（1280万m²）规划配套，建筑总量取中方案（960万m²）控制实施，各地块的容积率相应降低；基本同意福田中心区规划的路网格局，并在此基础上作局部坐标调整；福田中心区不设自行车专用道，道路系统重新调整；福田中心区原则上应整体开发，要求以街坊为单位统一规划设计，做好地上、地面、地下三个层次的详细设计，特别是以南北向中心轴和东西向商业中心为主轴的地下通道的设计，并预留好各个接口；预留好地铁位置，要详细做好地铁站的设计，做好地铁与其他交通及周围建筑物的衔接；停车库应结合总体布局分散设置，并采用合理的规模，原有四个停车楼的规模过大，宜压缩到5000辆以下，再增加若干个停车场。另外，五洲广场地下按商业城考虑，并协调好地铁出入口和南北通道的设计；福田中心区的绿化该留则留，在商业街两侧不设绿化带。另据1994年房地产年鉴记载：福田中心区规划总居住人口11万人左右，规划总建筑面积1218万m²，其中，各类办公楼建筑面积663万m²，宾馆及公寓建筑75万m²，住宅建筑面积216万m²，商业服务146万m²，综合文化建筑面积85万m²，居住配套建筑面积33万m²，建筑密度平均为37.3%，可见，当时规划办公楼建筑面积占总规模一半以上，中心区用地功能比例上成为名副其实的CBD。

1993年9月，市规划国土局正式批复原则同意福田中心区详细规划（中规院深圳分院设计号9104），公建和市政设施按高方案（1280万m²建筑面积）规划配套，建筑总量在实施中可以进行局部调整。基本同意福田中心区详细规划的路网格局，并在福田中心区不设自行车专用道。至此，已经确定的中心区详规方案为人们展示了深圳迈向国际性都市的宏伟蓝图，为中心区下一步专项规划阶段提供条件。上述批复结论在二十年后的今天回顾评价，仍属英明决策，唯一遗憾的是取消了自行车专用道。

2. 完成中心区市政工程设计

1993年由中规院深圳分院、武钢院深圳分院、西南院深圳分院、北京市政设计院四家共同完成了福田中心区市政详细规划、市政工程及电缆隧道的设计，开始实施中心区主次干道施工。

1993年3月市规划国土局委托武钢院深圳分院进行福田中心区的市政工程设计，设计坐标及道路横断面原则上以中规院提供的为准，可以适当调整。要求人行天桥及地道一起设计。1993年4月市规划国土局批复同意北京市政设计院深圳分院提出的滨河路福田中心区段的立交方案，并确定滨河路在中心区段采用的立交方案需满足三个要求：彩田路应解决由东往南的左转；金田路应解决由北往东左转；益田路应解决由北往东及由西往北的左转。同年9月，原则通过滨河路中心区段彩田、金田、益田、新洲等立交扩初设计的审查。

鉴于深南大道、红荔西路、彩田路、新洲路等已经形成，1993年7月市规划国土局批准了武钢院的《福田中心区市政工程初步设计》，作为今后几年中心区市政工程设计和施工的基础条件。1993年8月市规划国土局对武钢院关于福田中心区平土方案的批复是：以已经形成的道路为基准，按中规院提供的标高为原则，竖向设计不可能做大的变动，但可适当调整标高以利于排水的第一方案出施工图，该项目的扩初设计审查于当年9月获得同意通过。1993年11月完成深南大道福田中心区段施工，并竣工使用。

3. 福田中心区中水利用可行性研究

由于深圳市水资源极其贫乏，水资源环境容量远远不能满足城市发展的需要，因此必须开源节流，中水的回用势在必行。1993年7月，市规划国土局委托深圳中联水工业技术开发总公司、上海市政院深圳分院两家单位进行福田中心区中水回用可行性研究。根据福田中心区规划，预测平均日供水量为22万m^3/d，据计算约有9万m^3/d可以使用中水。认为中心区采用集中供应中水的建设，可以大量节约自来水的使用量，因此主管部门曾提出要在福田中心区建设中水集中供应系统的建议。如果不采用集中供应，而采用单体中水回用，则分散式中水系统标准难以统一，水质水量难以保证，建设成本及运行成本高，管理不便。一旦错失新区基础设施建设的机会，将来无法再建集中供应中水系统。但遗憾的是中心区迄今未能实现集中式或单体式中水系统。

4. 超前建设CBD的计划不符合市场经济规律

1993年深圳GDP总量为人民币453亿元，总体经济水平不高，商务建设时机未成熟。该时期中心区推出的土地出让计划一一落空，即使成交的项目，也拖延了许多年才竣工。例如，1993年5月，福田区政府已经意识到福田中心区在深圳第三产业发展中的龙头地位，向市政府提出要求扶持发展福田金融十大项目的请示，特别是要求在福田中心区南片区福华路上划拨一块5万m^2的土地，建设福田金融大厦，将福田区证券公司、保险公司、期货公司、风险基金投资公司等区级金融机构集中在一栋大厦。此请示的思维方式是超前的，但采用了计划经济模式，并缺乏建设资金渠道的可行性研究，其结果必然是不符合市场经济规律的。以下四个实例说明中心区土地开发的早期，市政府虽然进行了重大项目选址和计划安排，但由于建设CBD的步伐超前于当时经济发展水平和市场需求，所以，当年许多项目一拖再拖，有的甚至十几年后才建成。

实例1 1993年6月，深圳市第63次用地审批会议原则同意在福田中心区先行建设两个项目，一项是邮电信息中心；另一项是兴建国际会议展览中心，选址在28号地块东，但要求会展中心进行公开招标，采取企业经营管理方式，政府须收取地价；不同意部分建筑面积留给政府，政府对地价给予优惠的做法；该项目的选址要根据福田中心区的规划

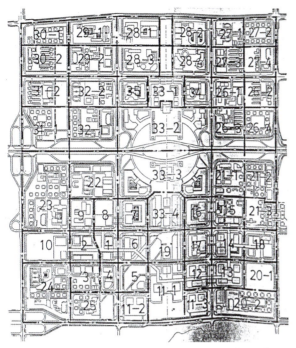

图22 中心区控规地块编号图,来源:中规院1992年福田中心区详细规划图册

图23 大中华国际交易广场实景,作者摄于2011年

重新调整,用地面积要根据规模核定。由于当时的邮电信息中心属于政府投资的公用市政设施,因此能在几年后如期建成。然而,1993年市政府对于会展中心的建设运行模式的构想十分超前,始终未能按照市场投资运行模式建设会展中心。直至2002年在中心区中轴线南端建设现在的深圳会展中心仍然采用了政府全额投资的公共建筑建设模式,半市场化运行。

实例2 1993年国家银根紧缩,加上内地城市对房地产采取的措施,直接影响到深圳的房地产市场,深圳的土地使用权公开出让明显受到了一定影响。这导致土地供应计划不能完成,土地开发基金收入实现不了,进而影响到全市城市道路、基础设施的建设,也会影响到土地的再开发、再供应。为摆脱这一被动局面,争取土地的最大经济效益,为深圳市的基础工程、重点建设项目筹措资金,于1993年8月定向推出六幅土地使用权,土地总面积为29.7万m^2。其中的三幅土地位于福田中心区(图22),用地总面积达16.7万m^2。福田中心区拟出让三幅土地:第一幅——福田商业广场(7号地块),土地面积共5.5万m^2,规划为集办公、酒店、公寓的综合商业区,允许总建筑面积25万m^2;第二幅——深圳会议展览中心(28-2、28-4号地块),土地面积共8.2万m^2,规划为国际水准的会议展览中心,允许总建筑面积25万m^2,其中提供给政府用作会议展览中心的建筑面积10万m^2(展览7万,会议3万),商品房建筑面积15万m^2;第三幅——深圳交易广场(16号地块),土地面积3万m^2,规划为综合性的交易广场,允许总建筑面积18万m^2,其中提供给政府用作证券交易、期货交易、产权交易、房地产交易等功能的建筑面积5万m^2,商品房建筑面积13万m^2。这次出让土地的策划,其实是一次十分成功的政府与企业合作开发,但遗憾的是,深圳经济发展水平尚不足以吸引商家的合作开发,以及社会对政府的房屋分成方式没有把握,导致第一、二幅土地的出让均未成功。第三幅土地成功出让,现为大中华国际交易广场,虽为中心区的第一代商务楼宇(图23),但建设工期较长。

实例3 1993年9月,中国原子能深圳公司、深

173

圳广宇工业集团公司、深圳市信息中心、深圳市证券登记公司等四家建设单位获得了CBD的13号地块的土地使用权，因几年后未开工，土地被收回。几家单位后来独立投资，广宇集团于2003年在23地块建设了一栋办公楼（2005年建成使用）；深圳市证券所（原名：深圳市证券登记公司）于2005年决定在CBD的32~1~1地块独立投资建设一栋办公楼（目前已经结构封顶）。

实例4　1993年10月曾在中心区划出12号地块，安排光大银行、交通银行、中信银行、君安证券、人保公司等5家金融机构的办公用房，并同意平安保险、招商银行、南方证券等3家单位，另行选址兴建。后来上述5家金融机构分别在其他地位另行选址建设了办公楼，而平安保险、招商银行等机构在苦苦等待了十几年后，于2007年才正式选址中心区建造总部办公大楼。

5.中心区场地准备，道路施工情况

1993年深圳市的地政建设监察工作力度较大，直接组织了五次较大规模的违法建筑拆除工作。在福田中心区拆除永久性、半永久性建筑物60万m^2，拆除各类临时性建筑面积约51万m^2，为中心区的开发扫除障碍。

1993年4月市规划国土局强调本局作为福田中心区开发建设总指挥部的具体办事机构，一定要集中力量抓紧福田中心区的开发建设工作。在规划和开发计划的指导下，重点做好土地出让的准备工作，以加速福田中心区的全面开发。争取在1993年进行拆迁和开发动工，要综合平衡土方，尽量避免大量的土方外运，力求降低开发成本。

1993年8月，主管部门审查了深南大道福田中心区段绿化设计方案，要求该段绿化要与福田中心区的城市规划相结合，与几座立交桥的现状相协调。树种的选择，要体现市树、市花的搭配，做到四季常绿、四季有花，做到简洁、明快，既体现南方城市的特点又要与城市周围的功能相结合，讲究整体效果。

1993年完成了福田中心区的市政详细规划、市政工程施工图后，进行市政道路工程建设的七通一平，按照计划全部完成了中心区的主要路网施工，年底完成了中心区土地开发，完成了金田南路、益田南路的施工工程，深南大道（中心区段）的2.4km的施工以及中心区协调9座立交桥的施工等市政工程建设。目标是加快中心区和周围环境、市政工程的开发建设，使中心区的土地增值，吸引投资者尽早形成投资环境。利用土地收益为开发建设筹措资金，以形成滚动式开发模式。

三、市政道路继续建设，第一代商务楼宇启动（1994~1995年）

1994年至1995年福田中心区一边继续进行市政道路建设，一边出让第一批商务办公用地，启动单体建筑工程。

1994年深圳经济形势较好，按照中央"提高整体素质，增创特区新优势"要求，进一步解放思想，积极推进财税、金融、外汇、外贸、流通和社会保障制度的改革。全市GDP达人民币560亿元，比上年增长27.9%，证券市场继续扩大，保险业加快发展，经济的稳步增长直接反映为商务办公的市场需求有所增长。在罗湖中心区的商务办公基本处于饱和的情况下，城市中心开始从东向西延伸。深圳特区20世纪80年代建设的上步工业区在20世纪90年代中期开始了市场自发的"退二进三"更新改造工作，这批多层厂房里的包装、印刷、电子元件生产等产业自发式转移到特区外，厂房被重新装修为办公和商业，沿街开店的势头迅速蔓延，出现了华发北路商业街、振兴路商业街、振华路商业街等，特别是以电子业闻名的华强北商业街的兴旺标志着起上步区自发式更新改造取得了阶段性成果，这是继罗湖

理论研究与规划

启动。但1994年的中心区现状航拍照片（图24）显示，中心区范围内除了市政主次干道框架以外，仅有少量旧村宅、厂房和临时建筑，中心区（图25）呈现出一派万事俱备、只等投资的景象。

（一）CBD第一代商务楼宇启动（1994年）

1.CBD第一代商务楼宇启动

位于中心区8号地块的邮电枢纽中心是一项复杂的尖端通信科技综合体，包括信息枢纽中心、邮政金融中心、集邮中心等多功能的综合大厦（图26）。用地面积约1万m^2，总建筑面积15万m^2。为了提高建筑设计水平，特组织了设计方案招标，四个设计单位共提交了7个方案，1994年11月举行邮电枢纽中心建筑方案评标会，经专家评委无记名投票，确定深圳市建筑设计总院第二设计院的方案为中标方案。该工程进展标志着CBD第一代商务楼宇启动建设。

图24 1994年中心区航片照片　来源：市规划国土局信息中心

图25 1994年中心区深南路段　来源：城建丰碑——城市道路与桥梁.深圳市城市建设投资发展公司编辑.1995年3月

中心区之后出现的城市副中心：华强北商圈，也是深圳城市中心向西扩展的第一步。然而，由于华强北商圈的沿街商业空间改造的余地较大，但能够改造的办公空间数量有限，且由厂房改造的办公很难成为甲级办公楼，由此催生了福田中心区第一代商务楼宇的

图26 中心区第一代商务楼宇的代表：邮电枢纽中心，作者摄于2012年

175

2. 中心区开发建设的招商形势不容乐观

尽管CBD第一代商务楼宇已经启动，但由于20世纪90年代中期深圳经济总量较低，商务办公楼宇的市场需求总量较小，而且华强北商圈正在形成过程中，在某种程度上吸引了相当一部分商务办公的投资，反映出中心区开发建设的招商形势不容乐观。例如，在1993年深圳会展中心土地出让招商工作失败后，1994年再次进行会展中心（位于福田中心区北区28-2号、28-4号地）的定向招商工作，1994年5月在香港（深圳）房地产展销会上深圳会展中心作为土地招商项目参展，同年6月，经市贸发局介绍，美国大帝国际投资有限公司与市政府接洽，但该司未按要求签订协议书并支付定金，造成项目拖延。后来，市政府邀请香港新世界发展有限公司、香港嘉里投资有限公司几家公司来深洽谈会展中心项目，当时政府招商条件是：会展中心占地8.2万m^2，总建筑面积26.5万m^2，其中无偿交回政府的会议、展览面积19万m^2，其余允许投资商作商业、办公、酒店、公寓。经过数次谈判，香港新世界公司要求占地面积扩大到12万m^2，总建筑面积增加到48万m^2。经认真研究，为了吸引外商，在不影响总体规划的前提下，同意调整会展中心规划。但最终因投资方提出的地价与深圳市的谈判底价相距甚远，该项目始终未有实质性进展。

3. 中心区仍面临艰巨的征地拆迁工作

1994年福田中心区仍面临艰巨的征地拆迁任务。拆迁事项举例：

（1）按照规划要求，中心区南部的皇岗山必须取消，其土地征用和实施土方平整等工作（注：此项征地直到2000年会展中心选址到皇岗山及周边地块时才完成）有待抓紧进行。

（2）皇岗工业村的搬迁问题，因拆迁量大，虽然具体安置工作尚未定论，但影响市政建设用地的征地补偿工作已经完善，近期将实施拆迁。

（3）市机电安装公司改造用地补偿市政道路建设用地部分已经完善，合同期计划于1995年5月拆迁完毕。

（4）深泰水泥厂市政建设用地已由政府下文收回，补偿工作、合同书等已经落实。

（5）利建丰制品厂临时用地问题，由主管部门负责下文收地，有关工作按临时用地审批文件执行。

（6）荔枝林问题，由征地拆迁办落实征地补偿。

（7）岗厦村福华路地段，北区9栋民房等拆迁工作，应按照主管部门91年深建字（1991）197号文"关于岗厦土地征用有关问题的复函"执行。但市局与福田区政府几经协调，已有进展，但仍不能使用福田中心区城市道路建设用地之急需。1997年签定拆迁安置补偿协议书一份（岗厦中心花园用地2hm^2，用于福华路东段拆迁补偿用地）。

（8）福田中心区的临时供电、供水问题，给市政建设与土地供应带来重重困难，仍需尽快制定实施方案。

（9）中心区南区13号地块的广宇公司、证券交易广场等建设用地的皇岗河临时河道改造处理工程，力争在94年10月完成，并向用地单位移交土地，完善政府土地供应工作。

4. 中心区现场市政工程建设

1994年中心区土地一次开发是深圳基础设施建设的重点工程之一，当年基本完成中心区的开发包括征地、拆迁、土方平整以及六条主干道（福中路、益田北路、金田北路、福华路、民田路、福中三路）和地下管网工程，因此，1994年中心区内大型电缆隧道设施（深南大道地下段和福华路拆迁段除外）均已修通。

1994年2月，福田中心区电缆隧道施工设计与地铁1号线可行性研究所确定的新洲路站东端地铁隧道在地下净空高度上进行设计调整，确定修改设计的原则是在满足与上方管线净距的技术要求下，采用电缆隧道上跨、地铁隧道下穿的协调方案。至1994年4月，中心区南片区的一些主次干道尚未打通，地下市政设施有待完善。例如，金田路、福华路市政红线内仍有障碍建筑物等待拆建。中国原子能深圳公司、深圳广宇工业集团公司、深圳市信息中心、深圳市证券登记公司等四家建设单位于1993年9月获得了南区13号地块的土地使用权，但由于13号地块中临时水电改迁出现问题，原福华路南侧排洪沟也位于13号地块内，高层建筑基础土方开挖势必破坏排洪沟的正常使用，造成雨季洪灾等问题都在1994年得到了修改解决。总之，1994年完成中心区第一批市政道路工程设计图，当时设计标准较低，并未要求设计相关交通设施，但中心区市政基础设施容量按照高方案建设规模作了充足预留。

5. 编制《深圳市福田中心区城市设计（南片区）》

1994年市规划国土局建立了市局—分局—国土所的三级垂直管理机构，并在市局首创设立了城市设计处，开始在规划管理中探索城市设计工作。此后，城市设计一直成为深圳规划的亮点，特别是深圳中心区成为迄今城市设计的一次最大规模的实践。

1994年8月，为了加快中心区的开发建设，既为招商引资作准备，也为政府管理工作提供规划控制依据，市规划国土局委托深规院在1992年福田中心区详规基础上，依据历次审批意见进行必要的补充修订，编制《深圳市福田中心区城市设计与详细规划（指南）》。该项城市设计仅编制了中心区南片区范围，并将中心区的总建设规模从原来的高方案1200万m²调整为中方案923万m²，区内就业人口31万人，居住人口7.7万人。内容包括各项功能综合布置及空间关系、交通系统组织、城市景观设计、公共活动中心的设计构思、城市设计的地块划分、市政设施规划、环境质量评价与绿化空间组织等内容。此外，该成果还提供了中心区南片区每个街坊的城市设计导则和建筑设计指引详图，包括地块区位关系图、地块总平面图（图27）、水平与垂直交通组织图、四个沿街面的街景立面图（例如，中心区12号地块详细城市设计指南，参见图28）、空间效果图、地块设计要点等，在规划实施层面探索了城市设计的深度表达，为中心区街坊详细城市设计起到了示范作用，其成果模

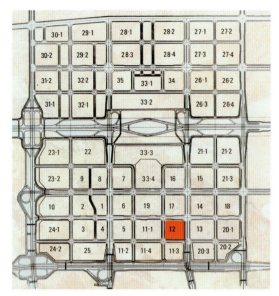

图27　1995年中心区城市设计总图，深规院

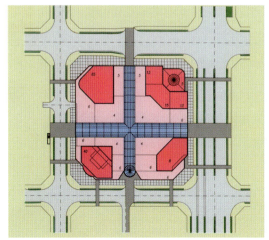

图28　1994年城市设计12号地块详图，深规院

图29 1995中心区参加特区15周年展览模型

型（图29）当时成为深圳特区规划建设十五周年成就展览的亮点。该成果于1995年5月提交专家评议会，专家们建议在国际范围内征询福田中心区城市设计方案（图30）。

（二）中心区开发建设准备（1995年）

深圳经过前十五年的规划建设，成就显著。在中央政府（1980～1995年）仅投资人民币4亿元的情况下，特区通过贷款、利用外资和自筹资金等多渠道筹集建设资金，十五年共完成基建投资达上千亿元，满足了特区城市建设巨额资金需求，也促进了资金的有效利用。1995年，市规划国土局下大力气编制好城市规划，为深圳市二次创业描绘蓝图。总规编修进入攻坚阶段，福田分区规划正在进行，市中心区中轴线设计国际招标筹备，管理上制定向中心区倾斜的政策。至1995年3月，中心区征地及场地平整工作已基本完成，道路及管网工程完成90％左右，地下电缆隧道工程业已完工，部分地面建筑已经开工，中心区已逐渐成为国内外投资的新热点之一。

1. 中心区改名

深圳市中心区的名称变迁也从局部反映了深圳城市的一小段历史：1980年至1995年，福田中心区

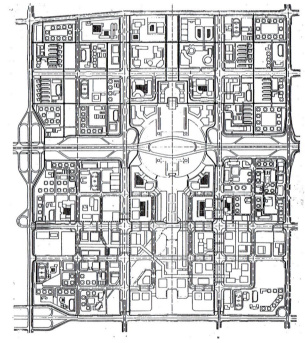

图30 1995年中心区城市设计，深规院

走过了从福田公社→皇岗区→上步区→福田新市区→福田区→福田中心区的行政辖区及名称历程，前后经历了15年演变过程。然而，"福田中心区"名不符实，名为区级中心，实为市级中心。1995年，市政府决定将"福田中心区"改名为"深圳市中心

区",市中心区的建设,是深圳迈向国际化大都市的重要一步。

2. 中心区主次干道基本建成

1995年中心区最重要的工作是进行市政工程的施工图设计与施工,主次干道逐条进行建设以及道路之间的衔接。1995年1月,位于中心区边界的福华路—新洲路立交桥进行修改设计,该立交桥跨新洲河的部分采用桥梁形式,不覆盖新洲河。要求河中间不设柱子,全部按刚性路面设计。

1995年4月新洲路、益田路(南段)正在抓紧施工,中心区的主干道骨架正在形成。1995年5月进行的福华路、金田路市政工程施工图的复核和审批工作,全路段市政管线原则上均以1993年7月批准的《福田中心区市政工程初步设计》为基础进行设计和调整。至1995年底,中心区市政道路的施工已经完成90%,主次干道路网已基本建成。

为配合中心区的建设,解决即将出现的用电负荷,进一步完善福田中心区的投资环境,深圳供电局已经筹备建设新洲220kV变电站,该站已有规划,场地平整已经完成,四周道路也已基本修通,地下电缆隧道已经接入,建站的站址、路径等问题都已经解决。

3. 开发建设准备启动

1995年政府严格控制土地出让规模,但对于中心区开发,既要加快,又要规范。为了加快中心区建设步伐,采用土地出让的经济杠杆倾斜政策,千方百计采取有效措施,在管理政策上向中心区倾斜,力促中心区的开发建设火热起来。凡是接受福田中心区市场地价标准的用地申请,可简化土地出让程序办理,再补报市用地审定会议备案。1995年10月,市政府正在研究制订《深圳市福田中心区规划实施及开发模式》,提出中心区规范管理、土地开发、土地出让的措施和开发的优惠政策,使中心区开发建设有章可循。

1995年2月市政府为了加速中心区的开发建设,要求搞好中心区微波通信和光缆铺设及其配套公用设施,尽快形成一个良好投资环境;要求展现出中心区规划的立体模型,尽快招商;要求抓紧对莲花山公园内违章建筑的拆迁工作,从根本上改变违章建筑造成的公园环境脏乱差状况,并要求计划、财政部门及时安排公园的建设资金,尽早将公园建设起来。

1995年4月,由市贸发局推荐,泰国华彬集团有限公司有意与市政府洽谈会展中心出让事宜,政府主管部门进行地价测算以配合投资洽谈。但对于会展中心的投资管理模式尚在探讨中,例如,一种是企业建、企业管;另一种是企业代政府建,移交政府管理(当时不考虑政府建、政府管的模式)。市政府一直希望会展中心项目能够成为带动CBD开发的龙头项目。

4. 专家提议进行中心区核心地段城市设计国际咨询

1995年11月10日至20日召开的深圳市城市规划专家咨询会,是深圳建市以来规格最高、会期最长的规划专家咨询会。会议研究了深圳城市发展的几个重大课题——深圳市总体规划的修编工作、综合交通规划、福田中心区规划以及规划管理等,专家与深圳市有关领导和专业人员通过听取汇报、现场考察和会议讨论等形式,最终形成了对于深圳市城市发展的几个重大课题的咨询意见,对福田中心区提出了具有远见卓识的建设性意见:福田中心区是深圳特区内留下来的一块面积较大和完整的风水宝地,1995年时基础设施建设已基本完备,建设规模应采用中心区详规"中方案",即建筑开发量控制在800~1000万m^2。若能保证每年有80~100万m^2的建筑量,10年左右即可建成,其规划的现实性是很大的。通过福田中心区功能和环境的完美组合,对全市的规划建设起到带动与示范作用。具体意见如下:

(1)中心区的规划设计应面向21世纪,要有超前性和高标准。直至1995年形成的中心区规划设计方案的总体格局基本可行，但在局部的空间组织、规模、密度等方面还应深入研究。

（2）中心区南北两区可以布局不同功能，但不要完全割裂开，而造成南"热"北"冷"局面，应将两个片区有机地结合起来，特别是通过加强中轴线与中心广场的空间设计处理，使中心区成为有机整体。

（3）中心区的规划设计要特别注重建筑、广场与绿地的系统处理，应充分结合人行系统，使人感觉充满艺术气氛和都市气息。

（4）中心区的交通系统应有全局的权衡分析，使其不影响地段的整体性和将来的持续开发。交通系统应该是高效率的，车行与步行系统应充分结合起来，为各类进出中心区的人员提供方便。

（5）福田中心区采用"竖向垂直"分流，将人行与车行分开，要深入研究二层步行系统的整体性、系统性与可行性，步行天桥数量不宜太多，应在不影响系统化的前提下减少步行天桥的数量。步行系统要与公共汽车、地铁等交通站点有机结合，地下步行系统除地铁站及换乘外是否一定需要，应再研究。

（6）中心区的开发建设应以街坊为单位，在总体规划设计的基础上，整片设计，整片开发，整片建成。街坊建筑组群要有层次，又有主题。建筑布局不宜松散。

（7）中心区轴线北端的莲花山应以自然状态为主，多做绿化，不做过多的建筑。

（8）中心区的开发建设最好采取"中心开花"的步骤，先建深南路两侧的中心地带，特别是市政厅要先建起来，这样有利于带动周围地段和中心区开发建设。

（9）中心区的中轴线地段的规划设计最好进行国际招标或方案竞赛，进行多方案比较，确保一流的设计、一流的建设、一流的城市面貌。

根据城市规划委员会的上述提议，1995年市规划国土局进行了中心区核心地段城市设计国际咨询的前期筹备工作，并发出了深圳市中心区核心地段（规划范围沿中轴线1.9km^2）城市设计及市政厅建筑方案的国际咨询文件。

本阶段小结

深圳一次创业取得了瞩目的经济成就，展现了良好的城市面貌，鼓舞了市政府二次创业继续开发建设福田中心区的信心。1989~1995年是深圳大力发展高新技术和第三产业，并积极创新金融业体制转变的重要阶段，也是福田中心区详规方案定稿及市政道路骨架建设的重要阶段。但由于深圳城市经济总量有限，房地产市场需求总量有限，例如，1993~1995年连续三年进行会展中心项目招商引资，但因当时深圳房地产市场疲软，中心区建设时机不成熟，会展中心项目也多年搁浅。因此，该阶段福田中心区开发建设尚处于"政府热、市场冷"的准备阶段。

1989年市政府首次举行福田中心区详细规划国际咨询方案比选。1990年中心区征地拆迁并召开规划方案的专家评议会。1991年市城市规划委员会第五次会议审议了福田中心区规划的咨询方案，并在吸取咨询方案优点基础上提出新的综合方案。1992年中心区控规将其城市功能定位为深圳CBD，并确定了按高方案建设市政基础设施，按中方案进行建筑总量控制。1993年完成中心区市政工程施工图后，开展市政道路工程七通一平建设。1994年CBD第一代商务楼宇启动，并编制了中心区南片区城市设计。1995年基本完成中心区市政道路工程主次干道施工，并进行中心区核心地段城市设计国际咨询筹备工作。

该阶段规划建设的主要成就是中心区详规准确定位了深圳CBD功能；市政道路基础工程按高方案开发规模预留足够的开发建设容量，地面建筑总量按中方案实施控制管理。这些具有远见卓识的弹性规划和科学决策必将成为后人赞叹称颂的佳话。

关于旧村改造规划的思考

张朴

深圳市建筑设计研究总院有限公司

摘要：旧村改造规划是一项复杂的设计工作，牵涉面广，不仅是工程技术规划，更需对旧改原则和目标、旧改中政府作用、土地规划效率和利益关键要素进行分析。无论政府、开发商、原著居民等各方利益体，都应该以博弈共赢的心态平衡各种复杂诉求，最终实现美丽的规划图景。

什么是旧村改造？旧村改造是推进郊区城市化的一项重要内容，是实现农村现代化、加快城乡一体化发展的客观要求，也是促进农村可持续发展的重要途径。有利于改善农村基础设施和农民生活环境，提高农民生活质量；有利于进一步规范农村建设，促进农村土地集约利用，提高土地利用效益和利用水平；有利于促进农村二三产业发展，增加农民收入，提高农民社会保障水平；有利于加强农村住宅建设的安全管理，提高施工质量，增强农村地区的抗灾防灾能力；有利于加强农村基层政权建设和社会事业的发展，构建和谐社会。（北京市经济与社会发展研究所，2007）

为什么要旧村改造？城中村是已被快速发展的城市包围的村落。一个农民聚居的村庄到一个市民聚居的城市，这种需要数百年的转变在中国往往被压缩到数十年，一些旧村如大海中的岛屿一样被原封不动地封存其中，形成独特的都市村庄，如深圳的岗厦村、昆明的郭家小村等均身处城市的核心。旧村改造是一项非常复杂的社会工程，同时又是在我国城市化进程中理论最为缺乏、实践最为浮躁的专项，对其认识和认知尤为迫切。

一、旧村改造规划分析

基本规划目标：利用规划区的区位及优势，建设配套设施完善、环境优美的居住生活区和商务区，并优化产业结构，变更城市结构性内涵，与城市规划发展相协调。

根据规划区现状存在的问题及政府政策确定规划的原则为：改善旧村及周边的环境，提升规划区整体环境面貌；增加村内公共空间及绿化面积，完善公共基础设施建设；妥善解决旧村改造中原著居民及各方面利益关系。

（一）局部与整体协调原则

L.芒福德在《城市发展史》中阐述了他对欧美城市发展历史的观察和思考："在过去的三十年间，相当一部分的城市改革工作和纠正工作——清除贫民窟，建立示范房，城市更新只是表面上换上一种新的形式"。（Lewis Mumford, 1961）这种现象在旧村改造中十分普遍。改造旧村规划，应加强城市规划的宏观调控作用，从城市的整体出发，做到局部与整体、点与面的有机结合，使局部的发展改造融入城市的整体，城市整体的发展又带动局部。

（二）继承和发展

城市是一个不断发展的整体系统。在旧村的改造过程中，应保护与继承能反映其风貌特色，具有传统文化特点的建筑、空间环境。同时，在新的改造建设过程中，发展其传统特征，统一、协调传统与现代之间的矛盾，形成具有地方文化特色的、整体和谐的城市空间环境。作为规划，有非常多的问题有待解决，也有非常多的新功能有待添加，因此仅仅有创意是不够的；很多问题是需要以平衡各方利益后去解决的。有时解决一个问题会引发两个新问题，所以好的判断意味着从可以做的事情中理出应该做的事情。

（三）旧村改造规划模式创新

中国所处的特定发展转型时期和城中村的自身特点，决定了旧村改造必须继续坚持改革创新优势，走创新式的道路。在总结以往旧改经验和教训的基础上，针对开发的特点，转变以往的旧改观念，提出新的改造思路和模式。20世纪90年代前，基本上是政府主导旧村改造，因缺乏成熟市场的经验，结果是拆了旧村建了新村。90年代后，政府对开发商敞开大门，形成由开发商垫付资金、政府出台政策、村委会协助的模式。旧村改造的规划、拆迁，政府都在全程参与，土地拍卖也由政府出面主导。但开发商的介入，意味着旧村改造的开发强度加倍，很多旧村改造拆建比居高不下，带来了更多的城市问题；同时拆迁引发的暴力冲突也为社会文明带来极坏的影响，和构建和谐社会的原则相违背；再者，开发商从市场利益最大化角度必然选择利润高的开发项目，排斥利润低的项目，这往往会造成公益项目的缺乏和多样性的不足，城市将走向衰退（D Q Nghi, H D Kammeier., 2001（2）:61-79）。

二、旧村改造规划策略

（一）更新思维，引入博弈规划理念

旧村改造规划策略是四方（原居民、政府、开发商、新入住或使用方）甚至是更多方利益的博弈，需体现共赢。博弈论认为："一种对于冲突与合作的正式化的研究。博弈论的概念适用于当不同行为人的行为相互独立时。行为人可以是个人、组织、公司或以上的结合。博弈论的概念为形成、构建、分析和理解策略情况提供了分析语言。"（冯·诺伊曼，摩根斯顿，2004）在旧改规划中，政府是主导性推手，政府官员经常会从政绩出发，发表一些观点和政策来影响规划，如深圳市政府今年来不断推出城市更新等政策，矛头直指水贝等老工业区以及大冲、岗厦、白石洲等城中村；昆明市政府提出要在5年内完成100多个城中村改造，尽管出发点是好的，但明显对旧村改造的复杂性估计不足。彭慧（理论月刊，2007,12）在全面分析了旧改牵涉的主要利益相关者的成本收益之后发现，只有城市政府是真正愿意推动旧改的，因此城市政府在旧城改造过程中的角色举足轻重。但是在我国旧村改造中政府却存在显著的角色错位、缺位和越位等偏差，并就维护公平和监管效率两大角度着眼，从维护弱势群体利益、促进公众参与、引导私有部门投资、监管开发商行为、保护历史文化遗存等几个方面提出了政府要推进旧改持续健康发展所应有的合理角色定位。

（二）改善城市环境，提升城市竞争力

旧村改造应该结合周边区域和相关联地带一起进行改造，以城中村改造为契机，带动周边片区的改造，实现片区的土地价值。旧村改造不仅要改善村内部的居住和环境问题，更重要的是应该结合城市转型、产业升级、挖掘内涵式发展（Roberts Peter,2000）。规划应该立足于：增加公共绿地和

公共活动空间；控制人口规模，改善人口结构；打通城市道路，改善城市交通条件；逐步改善老城区的环境问题，为产业结构调整创造良好的空间建设等硬件环境，从而带动城市软环境的改善。因此改造规划不能只满足于改造项目本身的经济效益，应该站在全市区规划和城市空间改善的层面上。

（三）平衡各方利益，以规划实现和谐发展

旧村改造是一项复杂系统工程，涉及社会和谐构建、城市内涵提升等多项因素。首先，应以城市可持续性发展来实施旧改规划。其次，开发商不能过于唯利是图，从目前看，矛盾最为激化的就是拆迁和赔偿。作为汇总各方意见的规划设计师们如何评判吸纳还需提高自身的批判思维能力，要发现问题，发现解决问题的方法，收集和掌握相关信息，解释数据，评价证据和陈述，得出确定的结论和普适性的规律。旧村改造是城市化发展过程中必然的过程和产物，关于旧改规划方面的研究，许多研究者分别站在关于政府的角色和职能、社会的公平和利益平衡、历史文化的保护以及规划中的土地价值与经济振兴等角度进行了思考，并对其相互关系和规划中的执行策略进行了研究；欧美、新加坡、中国香港等国家和地区大量的旧改为我国当今旧改规划提供了有价值的案例。

（四）土地规划效率和利益

旧村改造往往是在土地价值较高的地区实施，规划应能实现对原居民的赔偿之后，开发者和政府仍有利可图，同时对城市交通、市政、教育等配套无大的负面影响，振兴城市经济。目前最棘手的规划问题是，倍增的容积率带来的社会问题不可预测和估量。表面上旧村改造完成后，脏乱差减少了，但数倍于改造前的人口密度与建筑面积以及机动车数量对周边的影响等新问题也浮出水面；在深圳开发商一个城中村改造完可能掘金数十亿，但遗留给社会的问题也将是长期的；在以开发商为主导的旧改中，政府往往成为一种工具，处理不好有失公平和公正。

如何跳出目前套路？能否成立和发行旧改基金？旧村改造应积极为自身和周边片区的产业发展

改造前　　　　　　　　　　　　改造后

提供配套服务，为旧村居民提供就业机会；结合城市规划积极改善居住环境，强调绿色生态，保护旧村文脉和历史；成立旧村改造基金，让开发商成为投资人和股东，政府、开发商、村民代表、专业人士共同管理，这样或许才能让旧村改造规划走上独立思考之路。

三、昆明官渡区郭家小村旧改案例

尽管已参与了多个城中村规划改造，但像昆明官渡区郭家小村这样非常典型的案例却不多，郭家小村具有以下特点：

1. 面积够大：2100亩，是昆明最大的旧村改造之一。

2. 地段典型：位于新老城区结合部，宝象河穿越村落。

3. 历史资源：拥有清光绪年间万寿楼、李氏一颗印大宅，以及300年历史的小板桥集市。

城市中的旧村改造，在世界城市发展史上只有中国才有，它给中国建筑师、规划师提供了书写历史的机遇，要想做好旧改，必须要有丰厚的社会学识、城市发展战略的眼光、精算师的成本运营手段以及对城市文脉、历史文化价值传承的责任感。

（一）历史回顾

宝象河从东往西流，弧形环绕穿郭家小村而过，从村东分成两支：一支直流官渡，一支流往三甲和六甲，归入滇池。万寿楼建筑群在昆明市官渡区小板桥古堡以西，宝象河东。走到万寿楼门前，门牌上方悬挂的名称实为"万寿园"。此楼虽为砖木结构，但在附近居民楼的衬托下，仍不失庄重古朴、气势袭人。万寿楼建于清光绪年间，相传林则徐任云贵总督时曾到此写下一生中最长的诗："花光遥扑碧鸡光，忽换燕支塞外山……"

（二）空间句法

凯文林奇认为，"任何城市都会有一种公众印象，它是许多人印象的叠合"。郭家小村的旧改可以产生什么样的公众意象？

郭家小村在规划中，我们努力搜寻着历史的碎

（三）城市连续墙构思

地球有一半人口都是城市的使用者，他们或许一辈子离不开城市，被动或主动地发生类似鱼和水的关系。

城市印象是城市使用者与它的环境之间两向过程的产物。环境提示了特征和关系，使用者——以他很大的适应能力和目的——选择、组织然后赋予所见物一定的意义。这样形成的印象限定并强调了所见物，并且印象本身在不断交织的过程中，对照经过过滤的感觉输入而得以检验。

城市设计的基本要素不是街道，而是阶段——街道和街道之间的区域，沿街建筑构成城市连续墙，这种墙最终形成城市景观和印象。郭家小村城市设计我们主张有两点，一是保留历史，二是创造未来。

片，将宝象河、万寿楼和小板桥作为历史的片段编制到新的城市空间之中，为此我们沿昆洛路和珥季路专门划出一个片区，将上述元素组合在一起，为城市多样性留下一个空间。

总用地面积：1401825 m² （2102.9亩）
净用地面积：952205（1435.15亩）
公共绿地面积： 148393m² （222.6亩）
防护绿地面积：27166m² （40.7亩）
道路面积：274061m² （411.1亩）

地上面积：3882194m²
地下面积： 1056675m²
拆建比：1:2.34

容积率：4.07
建筑密度：34.34%（建筑净用地密度）
绿地率：39.84%（不含公共绿地）
居住户数：15613户
居住人口：49962人

"深圳学派"建设：
深圳建筑设计体现时代的主流风格

主编的话　张一莉

深圳建筑是改革开放时代的写照，是社会经济、科技、文化的综合反映。笔者认为，深圳建筑设计33年来，走的是一条有深圳特色的创作之路。这种创作体现在建筑的地域性，创造性和时代性。地域是建筑物赖以生存的根基；文化决定了建筑的内涵和品位；建筑的时代性体现了深圳的进步与发展，三者是形成建筑设计风格的基本点，归根到底，时代精神决定了建筑的主流风格。

本期编委会组织了"深圳学派"讨论，探索"深圳建筑风格"，宣传具有深圳特色的设计理念，把深圳建筑师们设计的不论是在深圳或是在全国各地的建筑作品进行总结和提升，形成以"全球视野、民族立场、时代精神、深圳表达"为宗旨的"深圳学派"理论，筑牢城市发展底蕴。

深圳住宅设计引领全国潮流

艾志刚　深圳大学城市与建筑规划学院副院长　教授　博士

中国有地域特点的建筑学派主要有北京-京派：传统氛围，皇家气派，建筑稳重、厚实，保守与前卫并存；上海-海派：西式传统（外滩折中主义与装饰艺术风）较浓，精致注重细节，讲究腔调。新建筑注重感性，浦东建筑比较花哨；广州-岭南派：浪漫主义色彩浓厚，现代与传统结合，自由、不拘一格；香港-港派：理性主义色彩浓厚：经济效益，超高密度，超高效率，高经济效益，非常务实，非常理性；台湾-台派：浪漫与理性并存，现代与传统并存，包容性极大。

深圳学派已有30多年历史，需要总结、提升和确立。目前深圳有1450多名注册建筑师，来自全国各地，有经验丰富的老建筑师，有国内外名校出来年青建筑师。有大院，有私企小院，有个人工作室。自产了两位建筑大师。深圳设计已经走向全国，深圳住宅一度成为中国的样板房。

深圳建筑学派的特点主要表现：现代主义风格为主线，多元化，百花齐放；市场化程度高，高品质设计、超强的服务意识；不断设计创新，适度超前；住宅设计引领全国潮流，品种齐全；城市分区规划、城市更新改造；亚热带气候特点，绿色建筑；新技术、新材料的应用。

建筑是创造一个美好世界的活动

宋源　华森建筑与工程设计顾问有限公司总经理、总建筑师

建筑师的任务基本上在于两个方面：第一是了解服务对象的要求和意见，用专业的技能表达在设计之中，从而提高房屋使用者的生活质量；第二应当兼顾社会和大众的利益，创造出高质量、富于民主精神的公共空间，维护和发展城市的文化。建筑是创造一个美好世界的

活动。

　　建筑不完全是一种个人的创作和偏好，反而更多地制约于其他个体和公众的物质要求和精神需求，也恰恰是在这一点上，才体现了建筑师工作的目的和智慧的价值。

　　深圳京基100项目设计是一个成功的案例。众所周知，超高层建筑技术先进，设计复杂，深圳京基100的设计难度相当高。因此我们的团队进行了大量专项分析与研究，对工设计细节和深度的分析与测算达到国际一流水准。采用了国际最流行的新技术，设计中更是填补了多项国内空白。先进的技术和完善的设计确保了深圳第一高楼的安全性、舒适性和经济性。在建筑设计中还采用了新型节能环保材料，使得这座建筑高效节能，绿色环保。

　　一个好的建筑作品是增值的，它不仅反映了设计者付出劳动的价值，开发建造者的价值和使用者的价值，而且也可以提升社区、环境和社会的价值。建筑师要努力追求一种文化性的设计，以这种对文化附加值的追求来适应城市变迁和建筑革新的挑战，保留一份历史、文化和社会的责任和职业使命。

建筑设计呈现空间力量

忽然　深圳中深建筑设计有限公司总建筑师

　　建筑师是责任和诚意的职业，是"攀登"的职业、是疲惫的职业，更是体验与自尊的职业；长期的专注和坚持源于钟爱；兴趣与独享是动力。

　　多年来，自己在生存与梦想之间以一种谨慎、诚意面对每一项设计任务；用匠人的心态在工作的每一个环节中不断寻求完美；体验中有遗憾，也充满美感。

　　建筑师的力量在于设计作品呈现出一种空间力量。这种空间力量源于建筑作品植入环境和城市空间的积极意义，源于建筑空间在现实与超越之间的主张。审慎研究、把控建筑空间创作目标是建筑创作的核心，建筑创作的过程是质量空间的提升过程；用空间概念解析建筑创作中的多种可能性；将建筑技术与指标还原成功能空间的合理，并寻求空间的适度与创新，是创作的乐趣。

　　不同的建筑，有不同的功能、内涵和表象，此为建筑之"变"；全面、系统的解读"变"，在设计过程中：发现问题，分析问题、解决问题的方法是"不变"，这既是挑战，也是机遇；因此不固定自己的设计方向，对不同类型的设计充满热情，是我的信念。

　　建筑规模、功能和技术上有"大"和"小"之分；对于小的建筑，以"大"心态对待，通过复杂、多元的因素思考，寻求更开阔、更快乐的创意，此谓"小中见大"；

　　对于大的建筑，以"小"心态对待，通过整合、分类、归纳，寻求规律的逻辑性及合理性，简化设计元素，此谓"大中见小"。

　　建筑学是一门模糊的学科，很难用一个界面去覆盖。建筑设计中梳理设计元素的过程是打破界面的过程。打破了，多元才会出现，重构有了可能，创作的着力点更积极。建筑设计过程中打破学科与元素之间的界面划分，建筑作品更具张力和内涵。

　　建筑设计是建筑师梦想与现实、个性与共识之间的一种立场。体现出建筑师的责任和修养；建筑设计有别于纯艺术的创作，是命题"作文"；考虑"受众"、审慎"立场"是建筑师的诚意，更是建筑师的道德。

创意是不断追求设计真相的进程

马旭生　奥意建筑工程设计有限公司总建筑师

设计是一个寻找发现解决问题的进程，也是一个创造机遇，服务项目的进程。其宗旨在于寻找并发现、实现特定项目的价值最大化。

设计的灵魂是创意。好创意的诞生不是"创意与众不同"或"武断形式堆砌"所成就的，也不全是灵感的突发，而是科学分析、不断探索和寻找真相的结果。好创意必然有理性的、有功能的支撑，有专业的认可，业主的共识，有城市的需求和时代的呼唤。好创意应该是尊重环境，尊重历史文化，尊重人的生活感受，尊重城市的逻辑结构和尺度。

设计创意的进程，是建筑师不断追求设计真相，发现价值、挖掘价值、放大价值的过程。它要求建筑师具备理性分析、沟通互动和持续学习的素质和能力。

建筑师要善于聆听使用者的需求，了解市场，分析城市，研究项目状态特征。紧抓"关键点"寻求"平衡点"。随时把握设计的核心利益。

建筑是一个复杂的系统工程，设计进程也是多方沟通互动的进程：建筑师与业主互动、建筑师和各专业的沟通、建筑师与施工方、材料商的交流等等。在沟通中加深了解，在交流中开阔视野，在互动中促发灵感。沟通互动是催生好创意的前提和途径。

社会的多元要求建筑的多元。建筑师的知识是有限的，面对千变万化的市场和日新月异的技术挑战，建筑师唯有持续学习，不断积累、勤于思考、勇于探索，使好创意有了基础、源泉。

为城市增添一道道美丽的风景

张晖　华森建筑与工程设计顾问有限公司执行总建筑师

设计了深圳熙园、成都中国水电大厦、深圳华侨城"波托菲诺"二期等众多有影响力和知名度的建筑，不仅成就了自身的建筑师梦，也为城市增添了一道道美丽的风景。

建筑设计业的市场竞争日益加剧，要在竞争中胜出，就必须不断创新，始终站在潮流的前列，细心地捕捉国际设计界的最新信息，加强自身业务技能的提升，练就敏锐的观察能力、学习能力和创新能力。

当服务与顾客提出的要求不一致甚至看似对立的时候，要加强设计的互动，要与客户充分沟通，从专业的角度出发，尽量说服客户认同这种设计。建筑师有自己想法的时候，要认真地把它贯彻下去，力争保证有一个最终的理想效果。

深圳著名的住宅项目"熙园"是第一个非常成功的项目。其中的生态车库是熙园最有特色的亮点，运用大面积连通地下车库，在小区出入口处就将车流引入地下，实现了真正的人车分流。采用了与地面首层架空层互相渗透，穿插的设计方式，摆脱了沉重而昏暗潮湿的地下车库，将绿化、景观、新鲜空气引入车库空间。当时就向开发商推荐生态车库，开发商对这一设计没有太多的干预。

一个建筑师的理想，就是要为城市增添美景。

用清晰的逻辑表达有深度的思考

朱翌友 悉地国际设计顾问（深圳）有限公司总建筑师

　　本人在创作实践中关注建筑设计的深层规律，追求用清晰的逻辑表达有深度的思考。建筑师必须有自己的立场，没有立场就没有判断。

　　建筑是环境里的建筑，是城市生长的结果及促成者。对于每个城市，"背景"比"英雄"重要，前者体现城市的内涵，关乎大众的生活。在城市中做建筑设计，要有牙医镶牙的态度和精神。

　　在城市中，城市管理者、开发商、运营方等利益是设计实践不可回避的前提，应主动回应。建筑设计是服务性行业，从某种角度看，建筑师被描述为"别人出钱实现自己的理想"，建筑师服务意识强，自制力（专业精神）也要强，实现的"理想"不管从哪些角度评价，都应健康公允，趋利避害。

　　随着城市经济文化的发展，公众权益，民主精神将越来越有力度。建筑师需重视每个项目中开放的公共空间，努力使这些场所去"仪式化"，增强"参与性"。我们要学会从大众的角度看待建筑。建筑必须以人为本。设计师在建筑空间、结构技术、节能技术、空调机电等方面的创造，都会最终反映在人的体验上。

　　建筑是建造的艺术。建筑师以建筑说话，与"新、奇、特"相比，"高完成度"更应是（实践型）建筑师的追求。在市场经济促进下，新的建筑材料，建造技术不断涌现和成熟，擅长于接受并利用它们，建筑实践的进步才能迎合并促进社会生产力的进步。

建筑应当是功能与形式的完美结合

祖万安 深圳市汇宇建筑工程设计有限公司总建筑师

　　从事建筑设计工作20多年来，一直在思考一个问题：什么样的建筑才是好的建筑？想起路易斯·沙利文的一句话："一个恰当的建筑自然、逻辑、诗意地生长于其所处的环境中。"如果这句话依然为大众所接受和认可的话，那么，我们丢掉的或者说我们忽视的不就是"逻辑"二字吗？

　　建筑设计是要讲逻辑的。一个建筑的产生过程，必然与其所在的环境、文化、经济发展水平有一定的逻辑关系，必然与建筑的使用功能、结构体系有一定的逻辑联系。建筑师也应该依照这样的逻辑关系进行设计。古今中外的建筑形式美不就是按照这样的逻辑关系演变和发展的吗？因此，因循这些逻辑关系来做设计，一定能做出"恰当"的"诗意"的建筑来。这些建筑应该是既好看，又实用的。亦即，功能与形式的完美结合。

　　心平气和地做设计，也许会默默无闻，也许不能成为大师，但，毕竟为这个社会做出了一点贡献。得到了一定程度的认可，这其实已经够幸福的了。何况，在这条路上，我并不孤单。

杨 旭

深圳市建筑设计研究总院有限公司

杨旭，现任深圳市建筑设计研究总院有限公司建筑创作院常务副院长。2003年毕业于哈尔滨工业大学，获建筑学硕士学位。毕业后，师从孟建民先生，主要从事公共建筑的创作与实践，以文化建筑、"小"建筑、城市综合体建筑与医疗建筑为主，其作品大多简洁、理性、严谨，追求作品的原创性，关注建筑的"完成度"；对于建筑的社会性有着较高的关注度，并不仅仅局限于建筑师的个人趣味。

杨旭对于建筑创作有着独立而全面的理解，对于工作有着极大的热情，其擅长的设计领域为大型公共建筑的方案创作，在多项重大投标项目中屡创佳绩。作为孟建民先生的主要技术助手，先后参与或主持了数个具有影响力的大型公共建筑设计，主要作品有：

广西民族博物馆（方案）
常州市博物馆及城市规划展示馆
安徽省高速公路集团公司九华山大酒店
云南腾冲红塔大酒店
张家港市第一人民医院
昆山市第一人民医院
合肥新城国际城市综合体
合肥安高城市天地城市综合体
洛阳世纪华阳城市综合体

同时，他也积极参与了一些具有国际水准的方案竞赛，如南京大屠杀二期扩建工程竞赛、国家科技馆第一轮竞赛、广交会琶洲展馆三期扩建工程竞赛等，体现出他在建筑设计理论与实践上更高的追求。

在他主持或参与的多个大型公共建筑项目中，部分有影响力的项目获得了省、市勘察设计协会奖项。2010年，杨旭获得了中国建筑学会青年建筑师奖。

义乌篁园服装市场

张家港市第一人民医院

吉林图书馆

吉林图书馆

吉林图书馆

陈 竹
——在思考和探索中前行

深圳市清华苑建筑设计有限公司
副总建筑师

1973年出生。1995年毕业于武汉大学，获建筑学学士学位。1998年毕业于与重庆建筑大学，获建筑学硕士学位。2010年，获香港大学博士学位。现任深圳市清华苑建筑设计有限公司副总建筑师。深圳市规划国土局建筑与规划类评审专家，建设局工程设计评标专家，保障房评审专家，绿色建筑评审专家。中国香港绿色建筑协会会员。深圳首届"优秀注册建筑师"称号、"深圳十佳青年建筑师"。曾经在香港大学从事城市研究，并在中国大陆主持建设工程项目几十项。研究和工程实践涉及城市设计、公共建筑、住宅开发等多个领域，论著曾多次在国际国内学术会议和核心刊物中发表。

建筑师是一项既幸福又痛苦的职业。幸福的是，相比其他大部分的职业，建筑师有更大自我表达的空间。个人价值观——无论是艺术观、社会观或哲学观——都会在不同程度上在他（她）的作品中留下印记。痛苦的是，当建筑师的个人观念越清晰执着，他（她）就越能感受到理想和现实之间的差距。作为一个执业建筑师，其日常的工作常常会在理想和现实的两条轨迹上徘徊。这一徘徊的轨迹，很大程度上受外界机遇因素的影响。除此之外，建筑师主观的坚持、自身的长期修养锻炼最终会决定这条轨迹的方向。

为此，一个好的建筑师必须在两方面长期积累提高素质。一个方面是他（她）必须具备统筹协调和妥协的能力。这个协调能力不光指建筑师在日常项目管理中间协调各专业技术工种的专业技术能力，更包括能协调开发业主以及不同合作团队的能力。毕竟，"建筑"这一特殊产品本质上是社会的生产的产物，具有复杂的社会属性。一个建筑物的产生涉及多方面的主体——政府部门作为管理者、开发投资者、使用者，以及相关的其他社会公众群体。在协调不同利益群体需求的过程中，建筑师常常必须在理想化的设计目标和实际的需求矛盾中间寻找最巧妙的契合点，才能使设计过程不会沦为纯粹的空想。

如果说协调的能力主要是建筑师的社会综合能力，那么创意思维的能力则是建筑师能够超越一般执从业者，成为对行业发展起到积极作用的优秀设计师最重要的个人素质。

陈竹作为一名建筑师的执业过程也许是20世纪70年代出生、目前正进入中年的深圳建筑师的典型经历。在获得硕士学位后只身来到深圳找工作，当年的她怀揣的只有一张深圳建筑设计公司的通信地址和对深圳这一陌生城市的美好理想。在人才济济的大公司和已经高度竞争化的环境中，陈竹从实习生做起，通过每个项目积累经验，把每个项目都当成新的挑战，试图从中获得提高。幸运地，在最初成长的几年，大院正规的管理环境和宽广的项目机遇，以及设计前辈的指引鞭策，都帮助陈竹逐渐从一个新手成长为有经验的设计师、主任设计师，并成为设计团队的管理者。

在从业八年后，陈竹发现一个长期"潜伏"的内心需求变得无法再回避。这就是，在具备了一定的设计经验和实践经验后,如何突破已有的技术高度瓶颈,再往上发展?如何进一步积累思想的厚度,找到有根基的设计创意的源动力?

带着这样的疑问,陈竹在2006年暂别了通常建筑师的道路,选择继续深造。选择香港大学是基于这样朴素的目的:希望了解西方的学术和研究方法,同时不要脱离理解中国问题的环境,从而能够具有"跳出环境"更清晰的思维角度。四年内她专门选择非建筑学专业的课题,特别关注城市规划、城市社会学、产业经济和社会政治等领域中,对空间发展有关联的主要议题。在此过程中,重新思考当下中国城市空间发展的主要矛盾性问题,以及其中建筑学的定位。

学理性的思考并不能直接导向最具有创意的解决途径,却能提供最揭示核心问题的洞察力和最理性的价值基础。从一个城市空间问题的研究者回归到一个执业建筑师后,陈竹发现自我的视野角度得到本质的拓展。关于建筑形态或形式的手法不再是最重要的问题。对于城市,空间发展首要是发展背后的利益诉求和不同的空间发展方式的社会结果的问题,规划师和建筑师理想的执业定位是要捍卫公共空间和公共价值;对于以私人利益为目的的建筑

洛阳大曌国际综合体项目

项目最大特点是打破了一般封闭式小区的全围合布局,引入十字形商业步行街,将用地分为西侧两个住宅组团及东侧一个商业综合体区域,形成独具特色的街区式规划布局。为城市人的活动创造空间,聚集社会人气,带动地块的发展。

图1 洛阳大曌国际综合体 鸟瞰效果图

图2 洛阳大垦国际综合体 街区入口透视效果图

图3 深圳元平特殊教育学校高中部综合楼 绿色建筑系统

图4 深圳元平特殊教育学校高中部综合楼 透视图

开发，建筑师光凭借个人主观审美导向的形式主义追求已不够，回归到文化性、使用者的人性化需求更有普适的意义；而对于介于城市和个体开发之间的模糊地带，建筑师还具有一定的可能，在建构具有社会意义的城市生活、文化价值，或者群体关怀上实现一定的社会意义。这些方面的努力，是建筑师这一职业部分脱离所服务客户的利益本位，保持一定价值"独立性"所必需的。而多数情况下，现实的条件要求这一"独立价值"的实现只能是局部的、见缝插针和充满妥协的。

对于一个建筑师，实践机遇是市场和环境赋予的，个人素质的积累和发展方向是个人可以决定的。在思考和探索中，陈竹正在艰难前行。

深圳元平特殊教育学校高中部综合楼

项目设计在有限的场地条件下试图创造最适合残疾儿童的"家园式"的成长环境。为此，设计建立了多层次公共空间系统、无障碍空间设计。利用全被动节能措施实现生态校园绿色二星的要求。

图5 山西长治景新润园 会所夜景

山西长治景新润园

针对开发业主对于项目"赖特风格"的特定要求,项目设计试图在满足甲方要求条件下,在建筑细部设计、室内外空间环境融合、现代居住体验等方面仍有一定创新性,在"规定动作"外力争一点"自选动作"。

湖南衡阳白龙湖度假村

项目包含别墅区、高层住宅及度假酒店内容。设计尝试结合湖南衡阳当地传统建筑的地域特征和气候条件,创造有"书院"特色的现代中式风格,在酒店设计上结合场地中山地和湖面的环境,创造立体和内外渗透的空间景观。

图6 湖南衡阳白龙湖度假村 独立大院住宅鸟瞰图
图7 湖南衡阳白龙湖度假村 酒店及健康中心夜景

陈 炜

奥意建筑工程设计有限公司

代表作品：

1997年　深圳科技大厦

1999年　深圳绿景蓝湾半岛花园

2001年　无锡阳光城市花园

2004年　深圳现代商务大厦（合作：CAPA）

2005年　苏州印象城

2006年　长沙广电中心

2007年　深圳海雅缤纷城（合作：ARQ）

2008年　湖州东吴国际广场

2009年　吴江盛泽行政及会展中心

2010年　内蒙古呼和浩特文化广场

2011年　无锡惠山万达广场

2012年　杭州亿丰时代广场

2013年　江阴凤凰文化中心

1993年毕业于北京工业大学

1993年至今就职于奥意建筑工程设计有限公司

现任公司副总经理，高级建筑师、一级注册建筑师

多年来主持设计了许多大型工程项目，获国家、部委、省、市优秀设计奖超过30项

2009年获深圳市勘察设计行业首届十佳青年建筑师奖

2013年获第九届中国建筑学会优秀青年建筑师奖

苏州印象城

从业二十年，有机会主持和参与了许多城市综合体、超高层办公建筑、产业园区、商业建筑、文化建筑和居住建筑的设计，并多次获颁各类奖项，多个项目获得当地民众的喜爱，是值得庆幸的事！

二十年的建筑实践是充满挑战和磨砺的追求职业理想的历程。我们的建筑实践之中，既有从当地文脉出发、从地方文化汲取灵感符号作为创作基础的湖州东吴国际广场，也有充满动感活力、呼应深圳年轻时尚主题的海雅缤纷城。项目或原创或合作，都努力践行"尊重城市、尊重城市里的每个人，任何建筑都应建立在与人、与城市对话的基础上，以真诚谦逊的姿态出现"的设计哲学；无论是对当地城市精神、文化历史的研读，还是向城市贡献开放空间，抑或对于种种亲人尺度的细部的刻画，我们都在持之以恒地追求能真正融入城市的建筑，能真正带给人们愉悦感受的场所空间。

二十年的执业生涯，同样执着于逻辑、建筑美学的追求；在实践中对建筑比例、尺度、韵律以及细部不断推敲与探讨，力求创造建筑之美。

好的建筑作品应当是理性分析与感性体验交互影响、共同作用的结果。建筑的外在形态固然重要，但建筑师更应注重对于空间设计的追求。塑造层次丰富的空间涉及尺度研究、光影体验，甚至对触觉、嗅觉、听觉等五感的感官调动，高品质的建筑，不只体现美学规律，同样要为人们提供能充分调动各种感受的场所空间。这是设计的和谐，也是过去、现在以及未来我们对建筑作品的不变追求。

深圳海雅缤纷城

无锡阳光城市花园

吴江盛泽会展中心

深圳绿景蓝湾半岛花园

无锡阳光城市花园

深圳现代商务大厦

杭州亿丰时代广场

吴江盛泽行政中心

深圳绿景蓝湾半岛花园　　　　　　　　湖州东吴国际广场

符展成

梁黄顾建筑师（香港）事务所有限公司

符展成先生是香港著名建筑活动家，梁黄顾建筑师（香港）事务所有限公司董事、合伙人。

符先生建筑经历丰富，对于城市的课题尤其热衷。他认为，城市的面貌由建筑设计的点滴构成，建筑设计必须遵从城市总体面貌，两者不可分割。随着社会的发展，各阶层对生活的愿景更加多样，更加精细，建筑设计、城市设计需要平衡各阶层的利益，才能建造出一座让各阶层充分认可的城市，城市与人共同成长。其工作得到了社会的认可，先后获得香港特别行政区委任为城市规划委员会委员、建造业工人注册管理局委员、香港土木工程及建筑业训练委员会委员。符先生支持学术和文化推广活动，多次担任威尼斯建筑双年展展览督导委员会成员、香港深圳城市建筑双城双年展港方展览督导委员会委员。

在专业资质方面，符先生是香港注册建筑师兼认可人士（建筑师）资格，持有中国一级注册建筑师资格，是深圳市住房和建设局建设工程评标专家库专家成员。

符先生主创设计的项目遍及中国大陆、中国香港及海外多个国家和地区，近期完工的项目包括香港白加道28号住宅项目、成都国际金融中心及贵阳花果园双子塔项目等。

项目：白加道28号住宅项目

地点：香港

设计年份：2008年

完成年份：2013年

用地面积：2921m²

总楼面面积：2739m²

2013年第四季，由LWK负责设计的低密度住宅以7.4亿港币出售，成为全港史上最昂贵住宅之一。此幢独特的住宅为白加道28号中的8号屋。白加道28号由LWK设计，坐拥辽阔无际的中环及维多利亚港景致，共设有7幢3层高的低密度住宅及一间配套会所。住宅外墙以石灰石覆盖，充分体现新古典主义风格。

项目的建筑外立面在市场价值和设计美学之间获得了完美结合。建筑演绎优雅的新古典主义，在入口和窗框的造型上极具心思。窗户以轮廓清晰而简洁的柱梁作装饰，再配以柔和的装饰线条，巧妙地造就别具一格的外立面。新古典及古典建筑通常以张扬的顶角线为特色，但角线与结构的距离受法定制约。为应对此挑战，设计师细心研究角线的曲线及弧度对视觉距离及比例的影响。设计方案成功令建筑达致美轮美奂的立体效果，亦将结构至角线之间的最大距离限至仅仅500mm。

面向车道的连体玻璃块面是外立面设计的主要特点。大型玻璃凸窗设置在一楼及二楼的卧室，为配合各建筑体量在高度上的固有特征，卧室的玻璃窗按体量的比例采用连体设计。设计师运用玻璃间板连接凸窗，同时利用线条清晰的柱梁，在视觉上构造出精美的竖向窗框。

项目：贵阳花果园双子塔项目

地点：贵阳
设计年份：2012年
完成年份：2016年
用地面积：约520000m²
总建筑面积：约78000m²
双塔设计建筑师：LWK

双子塔项目位于贵阳市南明区花果园区内，规划为东西两座66层塔楼，与地上7层（局部8层）、地下6层附属商业部分连为一体。双塔高近300m，东塔主要为办公，西塔为办公及酒店功能。

建筑主体设计成方形的双塔，拔地而起，高耸入云；讲究对称，追求平衡；为现代的建筑形式平添稳重和优雅气质。双塔立面形象的构建着力于简洁，远看成一整体，上下线条自然而流畅；近看细节动人，富有层次感。为保证塔楼立面的整体性，每座塔楼的设备层仅北向两个立面设置通风口，沿城市道路的两个南向立面则保持玻璃幕墙的延续。

项目：林村中的"许愿林"展馆

地点：香港大埔林村
设计年份：2013年
完成年份：2013年

在马年新春，"许愿林"展馆在香港大埔林村隆重开幕。展览场地由LWK设计并提供赞助，深受公众及媒体的积极关注。

"许愿林"为逾万人的户外展馆，位处为人熟知的林村许愿广场。展馆以创新的竹篷搭建而成，其中陈列了多件既具创意又饱含历史文化的艺术作品。许愿林的内部依序划分为三个展区，象征传统中式建筑"三进两院"的空间结构及家庭辈分等级。建筑师利用最少数目的竹，搭建跨度最宽的坚固结构，令展览空间最大化。每个圆形展馆的竹篷边缘更悬挂一圈圈红线，就如林村许愿树的树根，呈波浪形随风飘荡。在夜间，展馆将以灯光效果为点缀，成为光与影舞动的平台。

蔡 明

深圳艺洲建筑工程设计有限公司
深圳市开朴建筑设计顾问有限公司

传承中西建筑文化沉淀，博采百家之长
开朴艺洲设计机构董事长、总建筑师，中国城市发展研究院规划院南方中心主任，天津大学建筑学院（深圳）建筑研究院办公建筑所负责人，深圳市建设局建设工程评标专家。

1994年　天津大学建筑学院建筑学硕士毕业，师从中国科学院院士彭一刚先生、设计大师陈世民先生
1994年　工作于香港华艺设计顾问有限公司，任职副总建筑师，兼中国海外集团住宅开发研究中心主任
2003年　创建美国开朴建筑设计顾问（深圳）有限公司 收购深圳艺洲建筑工程设计有限公司，任董事长
2010年　中国城市发展研究院规划院南方中心主任
2013年　天津大学建筑学院（深圳）建筑研究院办公建筑所负责人 世界华人建筑师协会设计奖（西安紫薇东进销售中心）

追寻"美学救国"的理念

70后的蔡明，儒雅的气质带着民国知识分子的味道，20世纪90年代研究生毕业以后，一直在深圳从事建筑设计。他的办公室内，摆放着各种以代表性建筑和著名风景为对象的水彩画，画画是他的最爱，特别是水彩画，背着画夹、画笔走了半个地球，他的画册里留下了现场写生的各国建筑，这种艺术积淀使他能在设计图上信手拈来，外来建筑风格的设计经常跃然纸上。

蔡明说，之所以选择建筑设计专业与他从小酷爱美术不无关系，而且他对蔡元培大师多年前提出的"美学救国"理念深为赞赏。蔡明认为，"美学救国"对于一个热爱艺术的建筑师来说，就是通过不断积淀独到的审美理念用以指引实践，创作出符合时代特色和精神的作品。看画也能看出一个人的格调、境界和追求。他最欣赏的是吴冠中大师，因为他的画中西合璧，确实具有开拓性。希望自己能在画和建筑之间建立气质上的沟通。

此次荣获"2013世界华人建筑师协会设计奖"的"西安紫薇东进销售中心"，是一个老建筑的改造项目，与环境和谐相融，保护老建筑所传承下来的历史与文化是近些年建筑设计界的风向标，这个项目的获奖也恰恰与这一潮流相吻合，"以老混凝土预制件厂房的大会堂为基础，重新架构营销中心高端会所的功能，两者有机结合，将老建筑赋予以新的生命。"是评审委员会给该项目的获奖理由，这也是开朴获得的众多国内外设计奖项之一。

  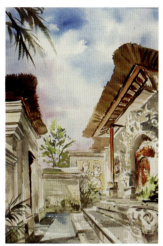

蔡明的水彩画作品

青睐设计生态建筑

建筑个体与城市主体的不和谐，或千城一面、缺乏个性是目前国内大部分城市的城市规划与建筑设计中存在的最突出的问题，我们追求的建筑设计理念是"每个项目建筑的风格从来不做约定，它可以随着时间、场所、功能的不同而形态各异，但是核心内涵是大致相同的"。

我们设计的万科重庆高九路甲壳虫公寓项目，位于城市的中心区，"枯山水——大自然的石块、山峰相互之间的关系给了我们启示。我们将高起的公寓视为山，配套的商业视为石，从不同的角度看公寓主体墙面呈现出四季不同的环境主题。这种以石头聚落和'四季树'外墙自然元素为主题，突出'春之歌'、'夏之色'、'秋之实'、'冬之祭'来演绎当下多彩缤纷生活方式，统一组合出'横看成岭侧成峰，远近高低各不同'的意境。"

我们设计的"梅州客商文化中心"，首先梳理了项目所在地梅州的人文历史。梅州客家围屋是世界建筑民居类中一朵奇葩，它真实地反映中国传统居住天人合一、家族伦理以及防御性的理念。该项目位于一片坡地之上，恰好适合围屋步步高升的形态。梅州的围龙屋也是独具特色的，它是一个马蹄形的格局。经过反复思考，取圆楼的一半跟会议的功能相结合，以一个合院的形式与酒店相结合。通过马蹄形的整合，让二者有机地融为一体。"我们是在坡屋顶和土墙的基础上做了一些提炼和简化来表现建筑形式。最终整个设计就像抽象画一样。"

从一张画到一座建筑

蔡明说："在绘画的过程中很容易找到设计灵感，画家画画时必须在很短的时间内把对自然的领悟、个人的审美在短时间内彰显出来，创意设计也是同样的道理。他人的绘画对我的建筑设计会也产生了重要影响，比如艺术家应天齐，他是我们的艺

蔡明的水彩画作品

黄山应天齐艺术馆

深圳创佶国际广场

术顾问,我有很多创作灵感来源于他的绘画,我的创作理念经常和他交流。"

我们应安徽黟县相关部门及应天齐教授的邀请,构思设计了西递旅游服务中心及应天齐艺术馆项目,该项目位于皖南"西递—宏村古村落"世界文化遗产保护区,政府要求突破已有的"徽派"建筑形式,反映现代社会条件下的对徽皖文化流传的理解与再创造。先前单德启先生设计的黄山云谷山庄、王澍先生设计的宁波博物馆成了新徽派的两个里程碑式建筑,我们的设计需要寻找新的突破。

"应天齐要求这个项目以他本人的成名作《西递村系列》版画中,以38张中的第23号作品为主题线索展开。给我们提供了一个新思路。"应天齐曾蛰居西递八载,创作了大量作品,"把传统拉入现代"是应天齐一贯追求的艺术理念。我们的设计沿着这个思路,从传统建筑里汲取营养,用现代蒙德里安式的构成主义手段加以抽象表现,以"意"为先,塑造精神寓所,把"抽象"和"现实"进行解析、重构、融合。通过墙面大量采用有历史沧桑感的中国灰白泥墙,屋顶采用灰色金属,力求表达

西安紫薇东进

与画面接近的神韵。同时,通过巧妙运用"交错、叠加、并置、隐喻"等设计手法,让现代艺术馆各功能发生互动和呼应,把《西递村系列》第23号的神韵准确再现出来,用建筑语言对应天齐教授隐含在作品中的孤傲和悲悯的人文情怀进行了独特的解码,完成了这项几乎不可能的设计任务。应天齐本人和当地政府非常满意。

何显毅
对建筑及设计界作出有意义之贡献

何显毅建筑工程师楼地产发展顾问有限公司

1968年毕业于香港大学建筑系，1971年成为英国注册建筑师及皇家建筑师学会会员。先后在英国萨默塞特郡（Somerset County）首府汤顿市（Taunton City）的政府建筑设计部门、伦敦的宾利父子（TP Bennett and Son）建筑师楼工作。

何显毅于1972年回港，并在香港一些著名建筑师楼工作，其后又在香港政府屋宇署和香港房屋协会工作。在香港房屋协会工作期间，何显毅负责成立及管理市区重建部门，工作包括收购破旧的战前物业、参与旧区改造、前期策划、地产发展、规划设计、工程管理、销售租赁及物业管理。

何显毅在1980年成立了何设计hpa（前称何显毅建筑工程师楼地产发展顾问有限公司），何氏现为hpa总部设计组的组长，负责和参与公司所有重点项目之建筑设计、设计科研以及设计质量监控等工作。该公司20世纪90年代初已跻身为香港政府的一级建筑设计顾问，可以承担无限大工程，成为香港最具规模的建筑师楼之一，并于1995年3月成为香港首家荣获ISO国际质量认可资格的建筑师楼。经过30年的发展，公司在2010年更名为何设计hpa，拥有超过240名资深建筑师和辅助人员，在深圳和上海设有办事处。何显毅特别专注建筑设计研究，公司成立30多年来，参与了不少国际及国内的各类大型项目规划建筑设计，相继完成超过7,000万m²各类型的建筑设计，其中更获得多个奖项；公司还成立专门的设计科研部收集及研究国内外最新的设计潮流、理念以及最新的建筑和环保科技与材料的运用，公司定期出版月刊及项目设计研究报告。

公司数年前已经开发并应用DOS（Development Option Studies发展模式比较）软件，其目的是为了更科学地测试出利润最大化的规划方案，令大型地产发展项目的规划布局更能发挥土地的价值。

何氏的设计足迹遍布6个国家，超过50个城市，参与

的项目种类众多，包括大型综合体、大型住宅小区、山地建筑、公共房屋、超高层住宅、甲级办公楼、总部基地、五星级酒店、大型商场、医院、机场及地铁站之相关项目、大学、图书馆、文化馆、博物馆、运动馆、娱乐休闲场所、专业工业厂房等，并在中国、印度完成了多个大型城市规划（5~100km²）。

何显毅认为，建筑是人类历史文明进程的见证。有价值的建筑设计，要反映当代人民的生活和工作，反映他们的作息习惯和反映他们的追求。而作为建筑师，不仅是创作人、艺术家，不仅要勇于创新和开拓；在参与规划建设过程中，还涉及很多市场及技术、管理及心理上的议题，而出来的作品更会影响到千千万万老百姓们将来的生活和工作，肩负着重要的社会和历史责任，此乃建筑师的真正使命。何氏著有《建设中华》一书，论述香港和国内的社会规划、设计、建筑和房屋问题。

这里通过三个有特色的香港项目阐述何显毅先生的建筑设计理念。

一、香港铁路机场快线九龙站项目（sub-consultant with TFP·FARRELLS）

香港九龙站（kowloon station）为机场快线面积最大的交通枢纽站，位于油尖旺区的西九龙填海区雅翔道，承接着香港的心脏地带与赤鱲角国际机场（Chek lap kok Airport）的无缝对接，是一个集交通、商业、酒店、居住于一体的城市综合体，建筑规模有二十多万平方米。

九龙站在规划之初就分为两大主要功能。一是综合性交通枢纽，地面首层和地下部分为轨道、大巴、私家车和的士交通体系。一是商业综合体。地面二层以上为商业、酒店、居住等功能，并分阶段实施。在这个城市综合体的层顶，是一个大型的公共花园广场，形成休闲商业、居住和酒店的开放性空间。

在交通枢纽方面，地面首层作为交通功能的主要空间。由三个大堂和三个地面交通转换站组成交通节点。

三个大堂布置在平面中心位置，一侧布置车站停车场、方便私家车停靠，另一侧布置了机场快线穿梭巴士站和过境巴士站，可直达城市各区和中国大陆地区。并在东面设置了公共运输交接处，便于交通管理人员对各交通系统的管理。

在机场市区预办登记服务大堂内，乘客可以预先办领登机证及托运行李，大堂内设有航班显示屏，乘客可得知各航班动态信息，并有行李寄存服务及车站商业街。然后进入机场快线大堂乘坐机场

快线到国际机场候机厅直接登机。

在大堂的中厅内,布置了多台自动扶梯和垂直观光电梯,直达二层以上的圆方商业广场,可以购物逛街及就餐进膳。

另一个地铁东涌线大堂位于首层的东部,作为地面和地下转换大厅,通过中厅的自动扶梯下行与地铁月台连接,上行和圆方商业广场与酒店衔接。

九龙站的诞生源于城市高密高容不断发展的设计思路,在现代科技和轨道交通模式的推动下,设计概念以多维度、多层次的交通一体化为出发点,吸收了现代机场及轨道交通系统的发展经验。车站设计将焦点放在乘客的安全、便捷及舒适和科技智能上,以高度集约资源的方式,使人们对现代交通建筑有一个全新的体验。

二、香港将军澳日出康城项目

项目坐落于香港将军澳环保大道旁,为港铁公司康城站物业发展的一部分,用地面积31,490m²,总建筑面积超过420,000m²。容积率高达9.0,是近来香港典型的高容高密的居住区项目。

其中为10幢180m~205m超高层住宅群,规划由51层至61层不等的塔楼环形布局,共提供4,272个住宅单元,每户平均面积72m²亦有部分为逾130m²之大户型。此10幢建筑分别建于两个四层高的相连裙楼上,住宅利用了三个大型的交通中庭与裙楼及地面连接,大堂中庭高4层,设有多条垂直观光电梯,将地面车库、裙楼会所及屋顶花园等公共空间连通。每个塔楼各设独立电梯大堂,每座共设6部高速电梯,以三个电梯为一组合,服务四户人家。其中每个组合有一部可直达停车场及卸货区。

裙楼一至三层为停车场,共提供855个私家车位、50个访客车位及91个摩托车位,住户可以利用停车场内的电梯直达各楼层。裙楼的第三层局部和第四层为大型住客会所,总面积逾15,000m²,在香港亦属罕有。

会所命名为"银河王国"(Club Galaxy),会所设施包罗万象,设有6个专区。

一是运动类专区:为居民运动健身提供丰富多彩的项目,包括3个健身室、一个可供室内篮球场或羽毛球场或乒乓球场或排球场的多功能运动室和保龄球道。

二是休闲类专区:包括休闲廊、台球部、桑拿

     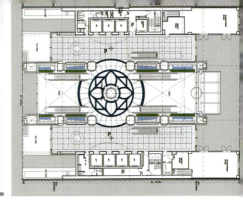

浴、2个游戏室、豪华享乐厅、VIP电影馆、阅读室、水疗设施、休闲雅座、卡拉OK室、SPA和美容室。

三是餐饮类专区：小型餐饮吧、2个厨房、2个备餐室，此外更有逾800m²之大型宴会厅为住客提供派对及宴会场地。

四是儿童类专区：专为青少年和儿童设置了多种活动场所，包括音乐室、儿童游戏室、儿童游泳池、温习室、春夏秋冬设计的琴室。

五是社公类专区：方便社区交流和服务，包括2个电脑室、图书室、3个活动室、红酒坊、2个急救室。

六是户外运动专区：包括屋顶长约100m的阳光游泳池和屋顶阳光大型花园，为居民提供户外活动的休闲场地。

作为项目公共配套内容，项目另设有占地800m²的共8个教室的幼儿园一所，为本屋苑及邻近住户解决学前教育问题。

屋苑规划了良好的全天候有盖行人系统，通道连接邻近的康城地铁站和日出公园，为住户出入带来方便。

三、中央人民政府驻港联络办公室大楼

一直以来，何设计的建筑都不以新奇立异取胜，然而，这幢耸立在上环芸芸中层旧楼中的高层建筑，为周围环境带来了很大的冲击。物业发展的前身是华商酒店，于1994年进行清拆，改建为中资集团招商局集团之新大楼，现改名为中央政府驻港联络办公室大楼。何设计一向重视使用模型，在20世纪90年代中期更开始用大模型辅助设计，这个项目在不同的设计阶段做了很多不同比例、不同尺寸的工作模型以优化设计。

由于原来这里是招商局香港总部的大楼，所以设计时注入了大量中国传统元素，但因为地处香港，又要体现动感。建筑物底部比较稳重和传统，正门饰以巨型钢架门框，造型取自古代中国建筑门楣、拱门。钢架内之独立式玻璃墙，由机械式扣件承托，利用现代科技表达中国建筑精髓；而中西元素的巧妙结合，正昭示着香港是中西文化交汇之都。入口大堂采用高楼底及巨幅玻璃外墙设计，概念来自中国传统三进四合院建筑。楼层的基本设计注重地块北面临近维多利亚港的优势，将电梯及其他设备置于东西两侧，特别收窄令中间部分能以开放布置或玻璃间隔等令楼层尽享港口景色及自然光照明。东西两侧立面饰以镜面不锈钢条，镶嵌在6mm厚的亚面铝板上，不锈钢条的设计很细致，行人抬头望，可以从建筑物立面的镜面不锈钢条看到天上的云层，整幢建筑像在飘，很有趣，不论白天或黑夜都很有动感。设计就这样表现了中国传统和香港特色。

张文华

深圳中海世纪建筑设计有限公司

高级建筑师
总经理

1995年毕业于南昌大学建筑学专业，1995~1999年在南昌市有色冶金设计研究院深圳分院任建筑师，1999年创立深圳市中雅图设计有限公司，后于2010年合并成立深圳中海世纪建筑设计有限公司，任公司总经理。

近二十年一直活跃在国内建筑设计行业。设计参与的项目有深圳经理人才大厦、深圳福田莲花体育中心、江西公路培训中心、安徽宿州光彩城商业住宅小区、南昌蓝天郡商业住宅小区、南昌高氏音乐花园、泰兴四叶园住宅小区、驻马店天都星城住宅小区等，其中泰兴四叶园住宅小区在2013年全国人居经典建筑规划设计方案竞赛活动中荣获建筑金奖。

作为建筑师，大部分人都有作品情节。在中国城市化的进程中，大量的建筑师服务其中，一座座新城崛起，一个个社区矗立。建筑师应放下作品情节，尊重各方面的建议和要求，精益求精，做好一款作品，设计好建筑的每一处细节。往往一款成熟好用的、美观的产品，也能引领社会潮流，形成自己的风格。

随着设计行业的发展及对生活的理解，逐步回归的设计理念是：设计回归生活。

江西九江安定湖一号

深圳红岭中学国际交流中心

广东东莞搜于特总部基地

泰兴四叶园住宅小区

吴科峰

深圳中海世纪建筑设计有限公司

国家一级注册建筑师
副总经理

1995年毕业于南昌大学建筑学专业。1999年成立深圳中雅图设计有限公司，公司创始人之一。

2010年成立深圳中海世纪建筑设计有限公司，公司创始人之一。从业近20余年，经历中国发展最快的20年，从国有设计院下海到深圳创业，从创业到让公司初具规模，也用了20年。期间完成了大量的设计工作，包括大型商业综合体、居住区规划及建筑设计、度假区规划、办公建筑等。

随着经济的发展，中国出现了许多地标性的建筑，北京的央视大楼、国家大剧院，广州的电视塔，深圳的深圳湾等，人民群众为它们取了许多喜闻乐见的名字，如大裤衩、水煮蛋、小蛮腰、春蚕等。虽然名字不好，却加深了人们对建筑的印象，对建筑而言是建筑师的造像，表象是欣赏者的想象。建筑艺术是一门应用艺术，建筑为了功能需要，必须占有一定的空间，表现出来一定有形象，所以每栋建筑都有自己的"象"，但并不是所有的建筑都有自己的"意念"融入其中，所以大千世界，建筑大部分都是让人过目就忘的，作为建筑师应该对环境、人文、风俗等加以研究，形成"意象"指导设计，也使人们更加能够理解我们的设计，而获得各方的认可。

意境的营造是中国美学的重要范畴。意境就是特定艺术形象和它表现的艺术情趣、氛围、感觉和触发美的联想和幻想。有时只能意会，是务虚而形成的主观认识。"象"为实而"境"为虚，两者互为影响，构筑特殊的情境氛围，如苏州园林的幽深，北京故宫的威严。所以，"意象"为显学，"意境"为隐学。在建筑设计的过程中，应该融入更美的"意象"，形成整个项目的灵魂，构筑出更美的建筑意境。

惠州大亚湾九洲依云郡住宅小区

株洲新苏田心国际社区

东莞市儿童医院项目

江西南昌西湖区行政中心

梁鸿文 | 钢笔彩色画

（国家一级注册建筑师）

加尔各答街景 Street view of Calcutta

哥本哈根的河街 River street, Copenhagen

室外空间（伦敦） Outdoor space

刘毅 | 素描

（国家一级注册建筑师）

高磊明 | 水彩写生

（国家一级注册建筑师）

黄厚泊 | 钢笔彩色画

(国家一级注册建筑师)

郭明卓、倪阳设计大师到深圳讲学

为了推进深圳建筑设计事业的繁荣与发展，提高深圳建筑师的方案创意能力与设计水平，我协会邀请了中国工程设计大师、广州市设计院顾问总建筑师、广东省注册建筑师协会会长郭明卓大师和中国工程设计大师、华南理工大学建筑设计研究院副院长、副总建筑师、博士生导师倪阳大师到深圳讲学。学术报告紧密围绕着李克强总理的《政府工作报告》中提出的"推进以人为核心的新型城镇化"、"努力建设生态文明的美好家园"的主题进行。约有910名注册建筑师到会。

关于公布第二届深圳市优秀总建筑师、优秀设计项目负责人和优秀注册建筑师评选结果的通知

各有关单位：

第二届深圳市优秀总建筑师、优秀设计项目负责人和优秀注册建筑师评选活动，是根据《深圳市优秀注册建筑师、优秀总建筑师和优秀设计项目负责人的评选办法》（深注建协〔2013〕6号），组织实施。

经专家们对申报人的评选资格、工作业绩、论文及著作、诚信公约等资料进行认真审查后，对照标准打分排名，采用无记名投票方式，共评出第二届优秀总建筑师4名，优秀项目负责人9名，优秀注册建筑师13名，现将获奖名单予以公布。希望广大建筑设计企业和建筑设计人员继续贯彻落实科学发展观，不断推进技术创新和设计创优，为建设资源节约型、环境友好型社会，实现国民经济又好又快发展做出更大的贡献。

获奖名单如下：

一、优秀总建筑师（4名）

回敬明　丁荣　周才贵　孔勇

二、优秀项目负责人（9名）

朱宁　陈泽斌　姜庆新　肖锐　张晓丹

李旭　涂靖　臧勇建　陈乐中

三、优秀注册建筑师（13名）

钟中　罗蓉　朱鸿晶　庄绮琴　符润红　陈晨　谢军

谢芳　张璐　邹修洪　程亚珍　梁二春　马群柱

深圳市注册建筑师协会

2013年12月20日

附录一

2014年深圳市注册建筑师会员名录（含香港与内地互认注册建筑师会员）

深圳市注册建筑师协会2014年单位会员名录（共37家）

1. 深圳市建筑设计研究总院有限公司
2. 深圳市建筑设计研究总院有限公司第二分公司
3. 深圳市建筑设计研究总院有限公司第三分公司
4. 深圳大学建筑设计研究院
5. 深圳市市政设计研究院有限公司
6. 深圳华森建筑与工程设计顾问有限公司
7. 奥意建筑工程设计有限公司
8. 筑博设计股份有限公司
9. 深圳市清华苑建筑设计有限公司
10. 深圳机械院建筑设计有限公司
11. 悉地国际设计顾问（深圳）有限公司
12. 深圳市同济人建筑设计有限公司
13. 北京市建筑设计研究院深圳院
14. 深圳市华阳国际工程设计有限公司
15. 深圳市北林苑景观及建筑规划设计院有限公司
16. 深圳市精鼎建筑工程咨询有限公司
17. 深圳市新城市规划建筑设计有限公司
18. 深圳市欧博工程设计顾问有限公司
19. 深圳市鑫中建筑设计顾问有限公司
20. 深圳市国际印象建筑设计有限公司
21. 深圳市物业国际建筑设计有限公司
22. 深圳市博万建筑设计事务所
23. 深圳市中汇建筑设计事务所
24. 深圳市东大建筑设计有限公司
25. 深圳市大唐世纪建筑设计事务所
26. 深圳市汇宇建筑工程设计有限公司
27. 深圳市陈世民建筑设计事务所有限公司
28. 艾奕康建筑设计（深圳）有限公司
29. 深圳市天合建筑设计事务所有限公司
30. 深圳市梁黄顾艺恒建筑设计有限公司
31. 深圳中深建筑设计有限公司
32. 深圳中海世纪建筑设计有限公司
33. 何设计建筑设计事务所（深圳）有限公司
34. 北京中外建筑设计有限公司深圳分公司
35. 深圳市鹏之艺建筑设计有限公司
36. 深圳国研建筑科技有限公司
37. 中信建筑设计（深圳）研究院有限公司

深圳市注册建筑师协会2014年会员名录（共1021人）

1.深圳市建筑设计研究总院有限公司 124人					
sz0322	孟建民	zs007	陈邦贤	zs015	张一莉
zs032	黄晖东	zs035	范晖涛	zs034	陈福谦
zs023	楚锡璘	zs029	李泽武	sz1000	刘永根
zs024	黄厚泊	sz0118	李 军	sz0119	徐瑾丹
sz0653	陈更新	sz0654	陈广林	sz0655	陈慧芬
sz0656	陈建宇	sz0657	陈险峰	sz0658	陈一川
sz1001	文 奕	sz0660	谌礼斌	sz0377	邓惠豪
sz0661	范慧敏	sz0662	方 锐	sz0663	冯 春
sz0664	高方明	sz0665	高国芬	sz2289	李长兰
sz2515	张英毫	sz0666	关仙灵	sz0667	郭 非
sz0668	郭世强	sz0669	韩 斌	sz0670	韩 庆
sz21002	周海燕	sz0672	贺 江	sz0673	洪绍军
sz0674	侯 军	sz0675	黄冠亚	sz0676	黄 旻
sz0677	黄小薇	sz0117	涂 斌	sz0678	姜红涛
sz1094	郭佩艳	sz0680	金建平	sz0378	蓝 江
sz0690	李丹麟	sz2421	韩启迪	sz0545	李伟民
sz0563	李文鑫	sz0681	李信言	sz0682	李 旭

sz0683	梁文流	sz0162	林绿野	sz0684	林镇海
sz0685	刘白华	sz0686	刘冠豪	sz0687	刘金萍
sz1004	储 琦	sz2543	张 杨	sz0549	刘 争
sz0839	刘志辉	sz0689	柳 军	sz0341	罗韶坚
sz0691	罗 伟	sz0693	麦毅峰	sz0694	那向谦
sz0695	聂 威	sz0696	宁 坤	sz0375	丘 刚
sz2731	程正义	sz0697	沈晓恒	sz0699	孙文静
sz0908	胡小勃	sz0700	邰仁记	sz0726	郑亚军
sz0703	涂宇红	sz0704	万 兆	sz0705	王 超
sz0706	王光中	sz0707	王 堃	sz0708	王丽娟
sz0709	王 荣	sz0342	王玥蘸	sz0374	王则福
sz0710	王子驹	sz0711	吴 超	sz0712	吴 旻
sz0713	谢超荣	sz0714	谢 扬	sz0715	许红燕
sz0716	许憋瑜	sz1005	陈 晖	sz0343	杨玮琳
sz0717	杨 艳	sz0718	杨 洋	sz0376	万 军
sz0719	袁方方	sz0720	苑 宁	sz0721	岳红文
sz0288	曾俊英	sz0558	张 欢	sz0722	张 琳
sz0321	张 凌	sz0723	张 玮	sz0344	张文清

sz0724	张雪梅	sz0373	郑昕	sz0725	赵似蓉
sz1006	黄锋	sz1007	潘宇浩	sz2892	李春
sz2732	刘小义	sz0899	黄鸿	sz0900	耿升彤
sz0901	丁莹	sz0902	肖松	sz0903	孙伟
sz0904	郭连峰	sz1095	林超	sz0906	夏常松
sz0907	冯志荣	sz0906	杨勇	sz1008	戴东辉
sz1096	杨晓峰				
2.深圳大学建筑设计研究院 37人					
zs003	艾志刚	zs030	张道真	zs033	高青
sz0056	孙颐潞	sz0057	吴向阳	sz0058	何川
sz0059	赵阳	sz0060	李勇	sz0061	黎宁
sz0062	龚维敏	sz0064	宋向阳	sz0065	陈佳伟
sz0066	傅洪	sz0067	俞峰华	sz0068	马越
sz0069	朱继毅	sz0070	殷子渊	sz0071	杨文焱
sz0072	钟波涛	sz0073	饶小军	sz0074	夏春梅
sz0075	李智捷	sz0076	陈方	sz0077	黄大田
sz0078	赵勇伟	sz0079	朱文健	sz0080	孙丽萍
sz0081	王鹏	sz0520	钟中	sz0589	蔡瑞定
zs0041	卢小荻	zs0042	陈德翔	sz1085	顾宗年
sz1086	张波	sz1087	钟群凯	sz0083	冯鸣
sz0082	邓德生				
3.深圳市市政设计研究院有限公司 5人					
sz0514	蔡旭星	sz0963	韦明	sz0964	高扬宏
sz0965	尹敏	sz0966	彭建平		
4.深圳市城市规划设计研究院有限公司 3人					
sz0025	赵映辉	sz0651	陈一新	sz0652	王昕
5.深圳华森建筑与工程设计顾问有限公司 16人					
zs004	宋源	sz0121	肖蓝	sz0122	李舒
sz0123	郭智敏	sz0124	常发明	sz0125	徐丹
sz0127	王晓东	sz0129	张晖	sz0130	谷再平
sz0734	张惠锋	sz0132	代瑜婷	sz0133	喻晔
sz1013	刘翀	sz1112	郝武常	sz1113	吴凡
sz1114	周圣捷				
6.奥意建筑工程设计有限公司 19人					
zs016	赵嗣明	sz0622	程亚珍	sz0290	陈炜
zs027	彭其兰	sz0292	陈泽斌	sz0294	罗蓉
sz0295	马旭生	sz0623	郑旭华	sz0297	宁琳
sz0624	罗伟浪	sz0460	孙逊	sz0301	孙明
sz0302	袁春亮	sz0914	夏兰	sz0291	陈晓然
sz0299	彭东明	sz0917	骆小帆	sz0913	方竹
sz0916	赵志伟				
7.筑博设计股份有限公司 37人					
zs020	孙慧玲	zs038	俞伟	zs040	赵宝森
sz0176	刘卫平	sz0178	孙立军	sz0179	万文辉
sz0180	王棣	sz0181	王旭东	sz0182	徐蓓蓓
sz0183	杨晋	sz0184	杨为众	sz0185	姚亮
sz0188	张宇星	sz0190	周杰	sz0617	孙卫华
sz0189	钟乔	sz0174	刘瀚	sz0610	梁景锋
sz0173	顾斌	sz0612	刘晓英	sz0613	马以兵
sz0611	刘建红	sz0615	杨鹭	sz0616	陈琪
sz0614	佘赟	sz0618	王京戈	sz0172	戴溢敏
sz0928	田鸣	sz0929	冯果川	sz0930	王宏亮
sz0931	唐勉	sz0932	陈天泳	sz0015	朱少威
sz1038	武琛	sz1039	李大丹	sz1040	赵恒博
sz1083	张晓奕				
8.香港华艺设计顾问（深圳）有限公司 36人					
zs2013	盛烨	sz0345	陈日飚	sz0346	郭文波
sz0347	郭艺端	sz0348	黄鹤鸣	sz0349	黄宇奘
sz0350	蒋昱	sz0351	雷治国	sz0352	林毅
sz0353	卢永刚	sz0354	鲁艺	sz0355	陆强
sz0356	马艳良	sz0357	潘玉琨	sz0358	钱欣
sz0359	司徒雪莹	sz0360	宋云岚	sz0361	孙剑
sz0362	陶松文	sz0363	万慧茹	sz0364	王璐
sz0365	魏玮	sz0366	张玲	sz0367	张楠
sz0368	赵晖	sz0369	赵强	sz0370	周戈钧
sz0371	周新	sz0372	邹宇正	sz0754	侯菲
sz0755	孙华	sz0756	解准	sz0757	叶鹏
sz0758	乔国婧	sz0759	付玉武	sz0760	彭建虹
9.深圳市清华苑建筑设计有限公司 26人					
zs012	李维信	sz0259	林彬海	sz0260	江卫文
sz0261	黄瑞言	sz0262	李念中	sz0263	卢捷
sz0264	陈竹	sz0265	陈蓉	sz0266	葛铁昶
sz0270	李粤炜	sz0268	张涛	sz0269	卢杨
sz0271	雷美琴	sz0273	李兆慧	sz0274	马群柱
sz0275	华勤增	sz0276	李增云	sz0277	丘亦群
sz0278	赵星	sz0594	罗锦维	sz0281	刘尔明
sz0593	崔颖	sz0279	叶佳	sz0867	徐峰
sz0868	郭春胜	sz0869	殷海		
10.深圳机械院建筑设计有限公司 15人					
sz0309	陈颖	sz0312	姜庆新	sz0313	蒋红薇
sz0314	李朝晖	sz0315	李旭	sz0316	梁二春
sz0317	卢燕久	sz0318	全松旺	sz0319	王晴
sz0999	朱启文	sz0573	肖锐	sz0282	曹汉平
sz0572	陈乐中	sz0574	张晓丹	sz0846	李力思
11.悉地国际设计顾问（深圳）有限公司 12人					
zs008	庄葵	zs018	司小虎	sz0405	关巍
sz0410	朱翌友	sz0424	伍涛	sz0426	谢芳
sz0429	禹庆	sz0430	张震洲	sz1076	马春晓
sz1092	阎福辉	sz1093	王浪	sz1119	赵焜
12.深圳市中建西南院设计顾问有限公司 5人					
sz0447	邵吉章	sz0450	邹志岚	sz0449	张斌
sz0158	谭玉阶	sz1060	施爱国		
13.北京市建筑设计研究院深圳院 5人					
sz0499	陈知龙	sz0500	马自强	sz0816	魏志农
sz0970	刘杰	sz1055	黄河		
14.深圳市同济人建筑设计有限公司 17人					
sz0104	叶宇同	sz0105	邓伯阳	sz2107	陈文春
sz0108	高泉	sz0109	顾锋	sz0110	徐罗以
sz0111	龙蔓	sz0112	赵新宇	sz0113	乐玉华
sz0114	何敏鹏	sz0115	张凌飞	sz0548	陈德明
sz2809	韦曼娜	sz0300	石海波	sz1017	郑南
sz0742	陈桂亮	sz0337	石东斌		
15.中国建筑东北设计研究院有限公司深圳分公司 8人					
sz0632	任炳文	sz0633	刘战	sz0634	郝鹏

sz0635	杨海荣	sz0636	张 强	sz0637	刘泽生
sz0638	陈正伦	sz0639	吴伟枢		
16.深圳市大正建设工程咨询有限公司 4人					
sz0143	方 尤	sz0145	刘春春	sz0973	李 力
sz2772	孙玉玲				
17.深圳市水务规划设计院 4人					
sz0833	邓 宇	sz2815	葛 燕	sz0936	武 龙
sz2937	陈筱云				
18.深圳市华阳国际工程设计有限公司 20人					
zs019	唐志华	sz0456	符润红	sz0461	王亚杰
sz2465	徐 洪	sz0457	江 伟	sz0462	翁 苓
sz0467	郑攀登	sz0459	梁 琼	sz0883	王 格
sz0984	余越磊	sz0985	胡光瑾	sz0986	谢 东
sz0881	韦 静	sz0539	陈 晨	sz0098	苏 亚
sz0987	吴素婷	sz0988	周 华	sz1100	杨驰驰
sz0455	朱行福	sz0451	江 泓		
19.艾奕康建筑设计（深圳）有限公司 11人					
sz0781	钟 兵	sz0740	王一旻	sz0778	沈 利
sz0780	蒋宪新	sz0738	褚 彬	sz0737	王帆叶
sz0741	王越黎	sz0735	朱毅军	sz0782	关钊贤
sz21098	梁 飞	sz21099	方小军		
20.深圳市北林苑景观及建筑规划设计院有限公司 5人					
sz0053	刘 筠	sz0054	章锡龙	sz0055	何 倩
sz0991	金锦大	sz031	梁 焱		
21.深圳市电子院设计顾问有限公司 3人					
sz0298	欧阳军	sz0911	孙 辉	sz0912	傅 斌
22.深圳市宝安规划设计院 5人					
sz0387	范依礼	sz2476	黄曼莉	sz2477	赖志辉
sz0630	李向阳	sz1022	孙 杰		
23.深圳市华森建筑工程咨询有限公司 3人					
sz0047	刘建平	sz0048	韩新明	sz1047	戴国忠
24.深圳市园林设计装饰工程有限公司 2人					
sz0146	王 辉	sz21079	王兴炳		
25.深圳供电规划设计院有限公司 2人					
sz0535	窦守业	sz2547	吕书源		
26.深圳左肖思建筑师事务所有限公司 4人					
zs010	左肖思	sz0561	李 晞	sz0562	温 娜
sz0831	李 俐				
27.中国建筑科学研究院深圳分院 2人					
sz0591	刘标志	sz0592	杨雪军		
28.深圳市燃气工程设计有限公司 1人					
sz0032	吴艳萍				
29.深圳市都市建筑设计有限公司 3人					
sz0605	李 琦	sz0606	文 毅	sz0607	符永侠
30.深圳市精鼎建筑工程咨询有限公司 5人					
sz0006	甄依群	sz0005	杨 凯	sz0783	马朝晖
sz0971	鲍继峰	sz0972	舒斯榕		
31.建设综合勘察研究设计院有限公司深圳分院 1人					
sz0748	王俊东				
32.深圳市华鼎晟工程设计顾问有限公司 2人					
sz0003	梁 梅	sz0004	黄亮棠		
33.深圳市中航建筑设计有限公司 6人					

sz0336	付 苓	sz0338	刘 鹏	sz0569	彭韶辉
sz2339	靳 波	sz2567	赵怀军	sz0568	宋桂清
34.广东省城乡规划设计研究院深圳分院 1人					
sz0777	赵军选				
35.深圳艺洲建筑工程设计有限公司 8人					
zs011	陈文孝	sz0379	彭秀如	sz0643	方 巍
sz0644	韩嘉为	sz0645	黄迎晓	sz0027	唐 谦
sz0958	俞 澎	sz0959	张伟峰		
36.哈尔滨工业大学建筑设计研究院深圳分院 1人					
sz0194	智益春				
37.深圳市粤鹏建筑设计有限公司 3人					
sz0398	宋洪森	sz0399	周志宏	sz0400	卢立澄
38.深圳迪远工程审图有限公司 3人					
sz0043	黄 敏	sz0044	张 蒨	sz0311	郭赤贫
39.深圳钢铁院建筑设计有限公司 2人					
sz0215	罗 清	sz0216	许淳然		
40.深圳雅本建筑设计事务所有限公司 3人					
sz0014	费晓华	sz0380	徐中华	sz0994	王桂军
41.深圳市科源建设集团有限公司 1人					
sz2384	刘苹苹				
42.深圳市利源水务设计咨询有限公司 1人					
sz0743	王旭翔				
43.深圳市广泰建筑设计有限公司 4人					
sz0154	陈卫伟	sz0155	龙 武	sz0933	郭帮毅
sz0583	胡磊帆				
44.北京中外建建筑设计有限公司深圳分公司 6人					
sz0796	张爱新	sz0795	施 彤	sz0794	隋 力
sz0793	张 琦	sz0873	管 彤	sz1062	程小苗
45.深圳市建筑科学研究院有限公司 13人					
zs005	叶 青	zs037	王 欣	sz0505	刘 丹
sz0506	孙延超	sz0507	魏新奇	sz0508	杨万恒
sz0627	侯秀文	sz0628	洪文顿	sz0885	王湘昀
sz0884	周筱然	sz1010	赵晓清	sz1011	余 涵
sz1012	张 炜				
46.深圳市新城市规划建筑设计有限公司 6人					
sz0021	路凤岐	sz0023	何建恒	sz0310	高洪波
sz2557	陈 莉	sz0785	黄心裁	sz21035	刘 敏
47.深圳市华筑工程设计有限公司 5人					
sz0085	李晓霞	sz0086	梅 宁	sz0087	李长明
sz1042	刘昌萍	sz1043	张 锋		
48.深圳市欧博工程设计顾问有限公司 11人					
sz0411	丁 荣	sz0412	冯秀芬	sz0414	龙卫红
sz0415	涂 靖	sz0419	张长文	sz0417	谢 军
sz0418	叶林青	sz0191	崔学东	sz0926	倪 昕
sz0927	钟子贤	sz0142	郭甲英		
49.深圳市方佳建筑设计有限公司 6人					
sz0517	林 文	sz0518	林 青	sz0519	周 鸽
sz0825	杨慧兰	sz2824	雷 迅	sz2823	汪 雷
50.广东南方电信规划咨询设计院有限公司 3人					
sz0860	陆超群	sz0859	程 骁	sz2919	徐左江
51.深圳市天华建筑设计有限公司 4人					
sz0581	王 皓	sz0099	伍颖梅	sz0100	郭春宇

sz1127	袁静平					

sz0236	丁大伟	sz0237	文石渠	sz0239	陈宇铮
sz2303	韩甡闻	sz0948	韩广智	ssz0949	汤淼
ssz0950	胡煌	sz0258	赵秀杰		

52.深圳市协鹏建筑与工程设计有限公司 7人

sz0529	叶景辉	sz0559	张志强	sz0284	董善白
sz0629	万友吉	sz0287	朱希	sz0871	黎国林
sz1036	刘冬妮				

67.何设计建筑设计事务所（深圳）有限公司 2人

sz0001	聂光惠	sz1016	沈晓帆

53.深圳星蓝德工程顾问有限公司 5人

sz0045	黄澍华	sz0866	朱永明	sz0865	康彬
sz0255	皮月秋	sz1080	孙涛		

68.深圳市中咨建筑设计有限公司 7人

sz0242	昇朋	sz0243	刘滨	sz0244	张小花
sz0959	白洞	sz0940	白扬	sz0136	朱守训
sz1111	何滔				

54.深圳市宗灏建筑师事务所有限公司 4人

sz0566	李映慧	sz0564	于春艳	sz0565	何军
sz0918	郭颖				

69.深圳市中深建筑设计有限公司 3人

sz0102	余加	sz0103	忽然	sz1065	刘振林

55.深圳市瀚旅建筑设计顾问有限公司 4人

sz0196	陈丽娜	sz0197	吕之林	sz2941	陈少炜
sz0942	董娟				

70.深圳天阳工程设计有限公司 3人

sz0249	黄欣	sz0250	俞昉	sz0252	刘全

71.深圳市筑道建筑工程设计有限公司 7人

sz0390	陈一丹	sz0393	谭竣	sz0397	韦志强
sz0391	楚梦兰	sz0205	银峰	sz1014	高劲
sz1015	邱川				

56.深圳市鑫中建建筑设计顾问有限公司 11人

sz0049	方金荣	sz0481	巩秀媛	sz0482	焦志勋
sz0485	熊勇	sz0486	姚芳	sz0487	姚晓微
sz0488	张伟仪	sz0489	周洁桃	sz1044	张均活
sz1045	吴艺超	sz1046	邓伟平		

72.中信建筑设计（深圳）研究院有限公司 5人

sz0522	周才贵	sz0156	何冀	sz0609	卢红燕
sz2521	段方	sz2788	贾俊		

57.深圳市梁黄顾艺恒建筑设计有限公司 9人

sz0620	王君友	sz0621	曾繁	sz1088	黄培新
sz1089	陈静	sz1090	杨勇	sz1091	吴晓华
sz1116	汪皓	sz1117	何建威	sz1118	廖国安

73.深圳市中外建筑设计有限公司 1人

sz0811	杨衡

74.深圳市华纳国际建筑设计有限公司 6人

sz0850	辛晓明	sz0852	黎欣	sz2853	付俊
sz1052	余军	sz1053	丁希萍	sz1054	尚云涛

58.深圳华新国际建筑工程设计顾问有限公司 6人

sz0381	邓枢城	sz0382	黄薇	sz0383	林劲峰
sz0385	罗林	sz2386	汪茹萍	sz1018	张辉鸣

75.深圳市华蓝设计有限公司 1人

zs025	高磊明

59.深圳市城建工程设计有限公司 6人

sz0501	罗展帆	sz2829	韩英	sz0828	李先逵
sz0827	许敏	sz0826	罗荣坚	sz0990	陈振兴

76.深圳市三境建筑设计事务所 3人

sz0226	许安之	sz0227	胡异	sz0228	段敬阳

60.深圳市蓝森建筑设计有限公司 6人

sz0206	裴峻	sz0207	郭梅红	sz0208	卢峰
sz0209	范大焜	sz2100	关京敏	sz0560	周静

77.深圳市深大源建筑技术研究有限公司 4人

sz0050	刘传海	sz0051	李晓光	sz0052	何南溪
sz1097	黄莘南				

61.深圳市广汇源水利勘测设计有限公司 3人

sz2088	刘灼华	sz2089	邓平	sz2090	刘欣

78.深圳市市政工程咨询中心有限公司 1人

sz0856	王宏伟

62.深圳市国际印象建筑设计有限公司 7人

sz0330	黄任之	sz0331	李建荣	sz0332	李德明
sz0333	李新华	sz0334	梁瑞荣	sz0335	徐春锦
sz0553	张镭				

79.深圳市宝安建筑设计院 4人

sz0165	董上志	sz0167	万晓兵	sz0168	王首群
sz0169	杨宏三				

80.深圳市中汇建筑设计事务所 3人

sz0041	张中增	sz0042	赵学军	sz0157	肖楠

63.深圳市物业国际建筑设计有限公司 14人

sz0030	薛琨邻	sz0836	张煦	sz0835	林云
sz2031	喻文学	sz2837	齐小锋	sz0834	汪永权
sz0920	吴丽娜	sz0921	敖国忠	sz0923	王复堂
sz0924	王惠英	sz0925	孙俊一	sz21019	李红艳
sz21020	左海波	HK007	沈埃迪		

81.深圳市朝立四方建筑设计事务所 7人

sz0147	陈德军	sz0148	何永屹	sz0149	孔力行
sz0150	李笠	sz0151	张伟峰	sz0152	赵国兴
sz0153	赵晓东				

82.深圳市镒铭建筑设计有限公司 6人

sz0444	韩曙	sz0445	李颖	sz0955	侯嘉文
sz0956	吴启燊	sz0957	罗自超	sz2961	陈志霞

64.深圳市鹏之艺建筑设计有限公司 9人

sz2879	孙晓红	sz0877	吴中伟	sz0876	岳勇
sz0531	江慧英	sz0874	谭裕声	sz0977	张建庆
sz0978	陈李波	sz21023	蒋玮	sz21024	王崇高

83.深圳市博万建筑设计事务所 8人

zs039	陈新军	sz0468	陈伟	sz0470	李亚新
sz0471	吴健	sz0472	肖唯	sz0473	姚俊彦
sz0474	于清川	sz0423	苏剑琴		

65.深圳华粤城市建设工程设计有限公司 1人

sz0842	罗达

66.深圳市联合创艺建筑设计有限公司 11人

sz0787	刘劲	sz2786	岳琦	sz0238	李建平

84.深圳市东大建筑设计有限公司 11人

sz0218	陈玲	sz0219	满志	sz0220	苏琦韶

sz0221	汤健虹	sz0222	韦 真	sz0223	袁 峰	
sz0575	胡 静	sz0576	揭鸣浩	sz0577	朱 斗	
sz0979	袁清寿	sz21021	向淑燕			
85.深圳市库博建筑设计事务所有限公司 8人					
sz0008	邱慧康	sz0009	何光明	sz0010	彭光曦	
sz0011	范纯青	sz0012	向大庆	sz1048	郭江波	
sz1049	邓春涛	sz1050	张志华			
86.五洲工程设计研究院深圳分院 1人					
sz0806	高艳清					
87.中铁工程设计院有限公司 1人					
sz0246	唐 炜					
88.中机十院国际工程有限公司深圳分公司 3人					
sz0771	杨 强	sz0770	黄 煜	sz0425	夏 波	
89.西安建筑科技大学建筑设计研究院深圳分院 2人					
sz0038	赵越林	sz0039	王东生			
90.泛华建设集团有限公司深圳设计分公司 1人					
sz0804	黎旺秋					
91.北方—汉沙杨建筑工程设计有限公司 2人					
sz0767	张 涤	sz0766	王志军			
92.深圳市丰冠建设工程有限公司 1人					
sz2962	姜 静					
93.深圳市大唐世纪建筑设计事务所 5人					
ZS036	郭怡淬	sz0040	唐世民	sz0230	臧勇建	
sz2232	龚 伟	sz0946	李 黎			
94.深圳市水木清建筑设计事务所 6人					
sz0595	林怀文	sz0596	张维昭	sz0597	朱鸿晶	
sz0598	庄绮琴	sz0599	麦浩明	sz0600	陈怡姝	
95.广东建筑艺术设计院有限公司深圳分公司 1人					
sz0530	郭恢扬					
96.深圳奥雅景观与建筑规划设计有限公司 2人					
sz2163	李凤亭	sz2164	申云安			
97.深圳市汇宇建筑工程设计有限公司 10人					
zs001	刘 毅	zs017	祖万安	sz0200	廉树欣	
sz0201	王桂艳	sz0202	周松华	sz0204	王 臣	
sz0898	周海良	sz0203	曾昭薇	sz0626	汤介璈	
sz0285	郑 晖					
98.深圳中广核工程设计有限公司 10人					
sz0035	巩 霞	sz0036	王建军	sz2033	王青霞	
sz0967	董 方	sz0037	吴 松	sz0801	陈双梅	
sz0800	廖 涛	sz0799	郭胜凯	sz0968	郝红莹	
sz2969	傅 亮					
99.深圳市明润建筑设计有限公司 3人					
sz0211	陈泽伟	sz0212	彭 谦	sz0213	邓志东	
100.深圳市普利兹克建筑设计事务所(普通合伙)4人					
sz0791	卢昌海	sz0790	吕光艺	sz0789	王 烜	
sz0587	何国华					
101.深圳市工大国际工程设计有限公司 4人					
sz0195	智勇杰	sz0193	伍剑文	sz0177	毛墨丰	
sz1077	孙文禹					
102.中外建工程设计与顾问有限公司深圳分公司 4人					
sz0640	徐金荣	sz0821	麦旋威	sz1070	马 骏	
sz1069	余艳菊					

103.广东广玉源工程技术设计咨询有限公司 4人					
zs026	黄石宝	sz0002	陈新宇	sz0692	罗 晓	
sz0951	袁宗玉					
104.中铁港航局集团有限公司 1人					
sz1071	曾晓虹					
105.亚瑞建筑设计有限公司 1人					
sz0840	陈朝华					
106.深圳市现代城市建筑设计有限公司 4人					
sz0861	安忠杰	sz0862	万 秋	sz0863	王仲威	
sz0944	乐能武					
107.深圳中海世纪建筑设计有限公司 15人					
sz0305	吴科峰	sz0650	赵献忠	sz0646	陈选科	
sz0648	龙 呼	sz1031	蒋萌生	sz1032	陈致强	
sz1033	梁 伟	sz1034	余銮经	sz1120	时芳萍	
sz1121	李 勇	sz1122	宋兴彦	sz1123	余坚瑜	
sz1124	程棣华	sz1125	艾中华	sz1126	杨 晔	
108.深圳市良图设计咨询有限公司 2人					
sz0492	苏红雨	sz0493	张国海			
109.深圳市汤桦建筑设计事务所有限公司 3人					
zs022	汤 桦	sz0159	张光泓	sz1066	褚爽丽	
110.深圳市莲花山园林有限公司 2人					
sz2953	游东和	sz2954	侯雅君			
111.广西华蓝设计(集团)有限公司深圳分公司 2人					
zs028	吴经护	sz0659	陈云涛			
112.深圳市金城艺装饰设计工程有限公司 1人					
sz0026	李 宁					
113.深圳市大地景观设计有限公司 1人					
sz0046	邓宇昱					
114.深圳市朗程师地域规划设计有限公司 2人					
sz2091	刘乐康	sz2619	刘群有			
115.深圳市津屹建筑工程顾问有限公司 5人					
sz0160	吴进年	sz0551	黄嘉玮	sz0746	李志梅	
sz0458	梁绿萌	sz0974	龚 明			
116.深圳市东大景观设计有限公司 2人					
sz0503	周永忠	sz2214	陈 健			
117.深圳长城家具装饰工程有限公司 1人					
sz0229	顾崇声					
118.深圳原匠建筑设计公司 3人					
sz0231	赵 侃	sz0498	郭继竑	sz0857	羊晓萍	
119.深圳市华洲建筑工程有限公司 2人					
sz0233	陈井坤	sz0034	郑福现			
120.广东如春园林景观工程有限公司 1人					
sz2304	文 彦					
121.深圳市陈世民建筑事务所有限公司 4人					
zs002	陈世民	sz0323	韩 璘	sz0324	刘 鸿	
sz0327	宛 杨					
122.深圳市求是图建筑设计事务所 3人					
sz0441	韩 晶	sz0442	孔 勇	sz0443	李 伟	
123.深圳建昌工程设计有限公司 2人					
sz0234	方永超	sz1029	罗 军			
124.深圳筑诚时代建筑设计有限公司 4人					
sz0478	朱加林	sz0578	陈耀光	sz0814	薛 峰	

sz0993	刘小青			
125.深圳市四季青园林花卉有限公司 1人				
sz2641	苗国军			
126.北京中建恒基工程设计有限公司 1人				
sz0494	郑 阳			
127.深圳贝肯西国际工程设计有限公司 2人				
sz0792	郭 昊	sz1063	张伟安	
128.深圳市中金岭南有色金属股份有限公司 3人				
sz2511	黄益泉	sz2513	邹利广	sz2510	陈正强
129.建学建筑与工程设计所有限公司 1人				
sz0516	于天赤			
130.深圳市天合建筑设计事务所有限公司 5人				
sz0524	周 锐	sz0525	郑 莹	sz0526	陈周文
sz0858	吴志群	sz0939	韩振捷	
131.深圳市阿特森泛华环境艺术设计有限公司 1人				
sz2532	陈广智			
132.深圳市慧创建筑设计有限公司 3人				
sz0546	梁志伟	sz0550	王 凯	sz1057	胡运治
133.深圳市壹环工程设计有限公司 4人				
sz1025	杨俊锋	sz1026	黄驹华	sz1027	邓雪嫒
sz1028	陈怀宙			
134.北京东方华太建筑设计工程有限责任公司深圳分公司 3人				
sz0533	司徒泉	sz0534	周西显	sz0947	王 军
135.深圳九州建设监理有限公司 1人				
sz0552	刘功勋			
136.广东中绿园林集团有限公司 2人				
sz2555	包沛岩	sz2556	傅礼铭	
137.深圳市创和建筑设计事务所有限公司 2人				
sz0570	黄 舸	sz0571	黄 焰	
138.深圳市翰博景观及建筑规划设计有限公司 2人				
sz2490	李 洁	sz21037	周 明	
139.深圳大学建筑与城市规划学院 深圳大学城市规划设计研究院 1人				
sz0582	杨 华			
140.深圳市华汇建筑设计事务所（普通合伙）4人				
sz0536	林 娜	sz0537	牟中辉	sz0538	肖 诚
sz0943	李志兴			
141.深圳市世房环境建设（集团）有限公司 1人				
sz2586	熊兴龙			
142.深圳市华江建筑设计有限公司 2人				
sz0579	杨 凡	sz1041	唐文丹	
143.深圳市耐卓园林科技工程有限公司 1人				
sz2609	黄步芬			
144.深圳市楚电建设工程设计咨询有限公司 1人				
sz2803	曹广荣			
145.深圳市中泰华翰建筑设计有限公司 4人				
sz0763	朱龙先	sz0761	曾 珑	sz0329	张小波
sz1030	钟新平			
146.深圳市森磊华城建筑设计有限公司 5人				
sz0776	吴卫	sz0775	朱银普	sz0774	李声亮
sz0882	叶兴铭	sz21056	杜 健	
147.深圳市文科园林股份有限公司 2人				
sz0240	于源	sz2241	张树军	
148.深圳市全至工程咨询有限公司 2人				
sz0247	王任中	sz0248	曾志平	
149.深圳美丽湾建筑设计有限公司				
sz1067	吴剑华			
150.深圳市华兴建安工程有限公司 1人				
sz2849	郭晓峰			
151.深圳源创易景观设计有限公司 1人				
sz2870	薄清洁			
152.深圳市如茵生态环境建设有限公司 1人				
sz20952	李培章			
153.深圳山东核电工程有限责任公司 1人				
sz0989	回彤彤			
154.深圳市鹏城建筑集团有限公司 1人				
sz1075	王晨军			
155.深圳市合创建设工程顾问有限公司 1人				
sz0981	李丽莉			
156.中国华西工程设计建设有限公司深圳分公司3人				
sz0496	帅振中	sz0497	杨学勇	sz0495	曾繁智
157.深圳市翰景美地设计顾问有限公司 1人				
sz2976	孙伟明			
158.深圳南海岸生态建设集团有限公司 1人				
sz2960	王硕人			
159.深圳墨泰建筑设计与咨询股份有限公司 4人				
sz0822	李 化	sz0509	沈 驰	sz0094	朱东宇
sz1068	余 勇			
160.深圳德普思建筑设计有限公司 3人				
sz0819	许 迅	sz0820	刘云俊	sz0306	蒋雪枫
161.深圳市丽宇建筑设计有限公司 3人				
sz0802	余 萌	sz0843	陈杨平	sz0975	张小华
162.深圳市高盛建筑设计有限公司 2人				
sz0798	陈乐娜	sz0797	程 权	
163.深圳市大成建筑设计有限公司 1人				
sz0773	谢 滔			
164.广州智海建筑设计有限公司深圳分部 1人				
sz0769	吴盛芳			
165.深圳天诺建筑设计事务所有限公司 3人				
sz0765	宋 琳	sz0764	盘绍雄	sz0428	颜奕填
166.深圳市翠绿洲环境艺术有限公司 2人				
sz2753	袁成惠	sz2752	陈 军	
167.深圳市华剑建设集团有限公司 1人				
sz0745	田云溪			
168.深圳市博艺奇建筑设计有限公司 2人				
sz0982	吴超如	sz0983	黄广雄	
169.深圳中粮地产建筑研发设计有限公司 2人				
sz0844	李朝晖	sz2845	陈宪夫	
170.深圳市华博建筑设计责任有限公司 6人				
sz0810	付晓军	sz0888	戴思源	sz0889	陈乐旗
sz0890	朱咏梅	sz0891	王阁安	sz1061	郑 毅
171.深圳市和域城建筑设计有限公司 3人				
sz0838	王立全	sz0328	兰 燕	sz1084	黄亚平
172.深圳迈思建筑设计有限公司 1人				
sz0897	邱小弦			

173.浙江华亿工程设计有限公司 1人				
sz0887	成国亭			
174.深圳市时代装饰工程有限公司 1人				
sz2848	王 献			
175.广东华玺建筑设计有限公司 3人				
sz0943	莫英莉	sz20944	王 萌	sz20945	秦秀明
176.深圳新能电力开发设计院有限公司 1人				
sz21078	曾天培			
177.中咨城建设计有限公司 2人				
sz0945	文 曦	sz1072	孙蓉晖	

178.深圳华诺建筑规划设计院有限公司 1人				
sz1074	陶克齐			
179.广东宏图建筑设计有限公司深圳分公司 1人				
sz0544	周 强			
180.其他单位 9人				
sz2082	王红锋	sz1073	张民新	sz1081	侯 铁
sz0922	杨克昌	sz2880	荣 峰	sz0878	焦林胜
sz0805	邹修洪	sz0625	梁 伟	sz0351	雷治国

深圳市注册建筑师协会2014年会员名录 香港特别行政区会员名录

181.中梁建筑设计有限公司 1人				
HK001	欧中梁			
182.巴马丹拿建筑及工程师有限公司 1人				
HK002	李子豪			
183.亚设贝佳国际（香港）有限公司 1人				
HK003	林材发			
184.建艺公司 1人				
HK037	梁义经			
185.启杰建筑师事务所 1人				
HK005	潘启杰			
186.郭荣臻建筑设计事务所（香港）1人				
HK006	郭荣臻			
187.James Lee 顾问事务所 1人				
HK008	李剑强			
188.南丰中国发展有限公司 1人				
HK009	周世雄			
189.香港特别行政区周古梁建筑工程师有限公司1人				
HK039	卢志明			
190.三匠建筑事务有限公司 1人				
HK025	区百恒			
191.香港戚务诚建筑师事务所 1人				
HK010	戚务诚			
192.香港铁路有限公司 1人				
HK026	黄煜新			
193.AD+RG建筑设计及研究所有限公司 香港中文大学建筑教授（部任）				
HK011	林云峰			
194.AECOM公司 1人				
HK012	邓镜华			
195.梁黄顾建筑师（香港）事务所有限公司 9人				
HK013	符展成	HK041	卢建能	HK042	陈家伟
HK043	梁顺祥	HK045	张永健	HK046	陈皓忠
HK048	吴国辉	HK049	何伟强	HK063	梁鹏程
196.南丰发展有限公司 1人				
HK038	蔡宏兴			

197.正日建筑设计事务所有限公司 1人				
HK015	黄志伟			
198.Traces Limited 创施有限公司 1人				
HK016	刘文君			
199.城市拓展国际有限公司 1人				
HK017	岑廷威			
200.香港特区政府福利署建筑组/策划课 1人				
HK018	陈永荃			
201.吕邓黎建筑师有限公司 3人				
HK019	郭嘉辉	HK020	邓文杰	HK021	黎绍坚
202.雅砌建筑设计有限公司 2人				
HK022	乙增志	HK023	郑炳鸿		
203.李景动·雷焕庭建筑师有限公司 1人				
HK027	梁向军			
204.黄潘建筑师事务所有限公司 1人				
HK028	黄志光			
205.王董国际有限公司 1人				
HK060	苏炳洪			
206.美亚国际建筑师有限公司 1人				
HK059	陈沐文			
207.香港特别行政区政府房屋署 1人				
HK029	叶成林			
208.嘉里建设 1人				
HK030	鲍锦洲			
209.香港房屋署 1人				
HK031	佘庆仪			
210.香港城市大学 1人				
HK032	陈慧敏			
211.香港建筑师学会 1人				
HK033	谭天放			
212.四合设计有限公司1人 (Tetra Architects & Planners Ltd.)				
HK040	潘浩伦			
213.潘家风专业集团 1人				
HK036	潘家风			

	214.TFP Farrells Limited 1人			
HK035	李国兴			
	215.何文尧建筑师有限公司 2人			
HK050	何文尧	HK053	熊依明	
	216.邝心怡建筑师事务所 1人			
HK051	邝心怡			
	217.香港政府建筑署 1人			
HK052	曾静英			
	218.信和置业有限公司 1人			
HK056	张振球			
	219.利安顾问有限公司 1人			

	220.香港演艺学院 1人			
HK057	林光祺			
	220.香港演艺学院 1人			
HK058	何美娜			
	221.其他单位 1人			
HK055	潘承梓			
	222.王欧阳（中国工程）有限公司 1人			
HK061	周月珠			
	223.何显毅建筑工程师楼地产发展顾问有限公司1人			
HK062	莫伟坚			

深圳市注册建筑师协会2014年资深会员名录

	1.深圳市建筑设计研究总院有限公司8人			
zs007	陈邦贤	zs015	张一莉	zs032	黄晓东
zs029	李泽武	zs035	范晖涛	zs023	楚锡璘
zs024	黄厚泊	zs034	陈福谦		
	2.深圳大学建筑设计研究院 2人			
zs030	张道真	zs033	高青		
	3.深圳大学建筑与城市规划学院 1人			
zs003	艾志刚			
	4.奥意建筑工程设计有限公司2人			
zs016	赵嗣明	zs027	彭其兰		
	5.香港华艺设计顾问（深圳）有限公司 1人			
zs2013	盛烨			
	6.深圳市清华苑建筑设计有限公司 1人			
zs012	李维信			
	7.悉地国际设计顾问（深圳）有限公司2人			
zs008	庄葵	zs018	司小虎		
	8.深圳市华阳国际工程设计有限公司1人			
zs019	唐志华			
	9.深圳华森建筑与工程设计顾问有限公司1人			
zs004	宋源			
	10.深圳左肖思建筑师事务所有限公司1人			
zs010	左肖思			
	11.深圳艺洲建筑工程设计有限公司1人			
zs011	陈文孝			

	12.深圳市建筑科学研究院有限公司2人			
zs005	叶青	zs037	王欣		
	13.深圳市华蓝设计有限公司 1人			
zs025	高磊明			
	14.深圳市博万建筑设计事务所1人			
zs039	陈新军			
	15.深圳市汇宇建筑工程设计有限公司2人			
zs001	刘毅	zs017	祖万安		
	16.广东广玉源工程技术设计咨询有限公司1人			
zs026	黄石宝			
	17.深圳市汤桦建筑设计事务所有限公司1人			
zs022	汤桦			
	18.广西华蓝设计集团有限公司深圳分公司1人			
zs028	吴经护			
	19.筑博设计股份有限公司 3人			
zs020	孙慧玲	zs038	俞伟	zs040	赵宝森
	20.深圳市陈世民建筑设计事务所1人			
zs002	陈世民			
	21.艾奕康建筑设计（深圳）有限公司1人			
zs009	毛晓冰			
	22.深圳市市政设计研究院有限公司1人			
zs021	李明			

附录二
《注册建筑师》编委风采

赵春山
职　　务：主任
单位名称：住房和城乡建设部执业资格注册中心

修　璐
职　　务：副会长兼秘书长
　　　　　深圳市注册建筑师协会名誉会长
学　　位：博士、研究员
单位名称：中国建设监理协会

刘　毅
职　　务：会长、总经理
　　　　　中国建筑师学会理事
职　　称：高级建筑师
执业资格：国家一级注册建筑师
单位名称：深圳市注册建筑师协会
　　　　　深圳汇宇建筑工程设计有限公司

艾志刚
职　　务：副会长、副院长
　　　　　中国建筑学会建筑师分会理事
　　　　　深圳市注册建筑师协会副会长
职　　称：教授
执业资格：国家一级注册建筑师
单位名称：深圳大学建筑与城市规划学院

陈邦贤
职　　务：副会长、院长
职　　称：教授级高级建筑师
执业资格：国家一级注册建筑师
单位名称：深圳市注册建筑师协会
　　　　　深圳市建筑设计研究总院有限公司第二分公司

张一莉
职　　务：副会长兼秘书长
职　　称：高级建筑师
执业资格：国家一级注册建筑师
单位名称：深圳市注册建筑师协会
　　　　　深圳市建筑设计研究总院有限公司

赵嗣明
职　　务：副会长
职　　称：教授级高级建筑师
执业资格：国家一级注册建筑师
单位名称：深圳市注册建筑师协会
　　　　　奥意建筑工程设计有限公司

冯 春
职　　务：建筑总工、副总建筑师
职　　称：高级建筑师
执业资格：国家一级注册建筑师
单位名称：深圳市建筑设计研究总院有限公司

陈 竹
职　　务：副总建筑师
职　　称：高级建筑师
执业资格：国家一级注册建筑师
单位名称：深圳市清华苑建筑设计有限公司

忽 然
职　　务：总建筑师
职　　称：建筑师
执业资格：国家一级注册建筑师
单位名称：深圳中深建筑设计有限公司

王君友
职　　务：董事
职　　称：高级建筑师
执业资格：国家一级注册建筑师
单位名称：深圳市梁黄顾艺恒建筑设计有限公司

袁春亮
职　　务：副总经理
职　　称：高级建筑师
执业资格：国家一注册建筑师
单位名称：奥意建筑工程设计有限公司

刘 杰
职　　务：执行总建筑师
职　　称：教授级高级建筑师
执业资格：国家一级注册建筑师
单位名称：北京市建筑设计研究院深圳院

蔡 明
职　　务：董事长、总建筑师
职　　称：高级建筑师
执业资格：深圳市建设局建设工程评标专家
单位名称：开朴艺洲设计机构
　　　　　中国城市发展研究院规划院南方中心

沈晓帆
职　　务：设计总监
职　　称：工程师
执业资格：国家一级注册建筑师
单位名称：何设计建筑设计事务所
　　　　　（深圳）有限公司

吴科峰
职　　务：副总经理
执业资格：国家一级注册建筑师
单位名称：深圳中海世纪建筑设计有限公司

郭成林
职　　务：设计总监
职　　称：讲师
单位名称：威卢克斯（中国）有限公司

编后语

《注册建筑师》是由深圳市注册建筑师协会编撰、中国建筑工业出版社出版发行、全国新华书店和建筑书店经销的连续出版物，每年一期。2012年创刊以来已出版发行两期，受到业内人士喜爱及好评。即将出版的第三期，得到国家住房和城乡建设部执业资格注册中心的指导与支持，赵春山主任担任编委会主任并为其写序。

《注册建筑师》是以专业性、技术性、实用性和时效性为宗旨，刊登优秀的建筑设计作品和理论，重点介绍建筑技术的应用、细部构造设计、实施节能措施等。主要栏目有建筑院士访谈、注册建筑师论坛、执业与创新、理论研究与规划、注册建筑师之窗、建筑师手绘画等，涵盖规划设计、景观设计、方案设计、施工图设计、技术创新、绿色建筑、建筑技术细则与措施等。

与其他专业技术书不同之处是，本书详细介绍了第一线注册建筑师的执业与业绩。刊登了深圳市注册建筑师协会会员名录，以方便建设单位和相关单位查找及联系。

本期重点：建筑院士戴复东、郑时龄访谈录；在"注册建筑师论坛"中，中国工程设计大师郭明卓谈地域性与现代建筑设计；孟建民大师谈我国养老建筑设计等。

《注册建筑师》图文并茂，内容丰富新颖，具有前瞻性和实用性，可供建筑师、规划师、科研管理人员、大中院校教师学生以及房地产商、建筑材料商等阅读参考，是值得收藏的专业书籍。

在编撰过程中，我们得到深圳市住房和建设局的支持与指导；原住房和城乡建设部执业资格注册中心副主任修璐博士亲自指导选题及审核书稿；广东省注册建筑师协会积极支持及组稿；深圳市规划委员会副总规划师陈一新博士指导及撰稿；本市10家设计单位积极参与，使编撰工作顺利进行。在此，对上述机构和人员及各参编单位、各位编委表示衷心的感谢。

由于能力所限，本书不全面、不妥当之处请读者指正。

张一莉
《注册建筑师》主编
深圳市注册建筑师协会副会长兼秘书长
2014年6月

2015
Cross-Strait Architectural
Design Symposium and Awards

香港建築師學會
海峡两岸及香港、澳门
建筑设计论坛及大奖

CALL FOR ENTRY

1.6 – 30.9.2014
Cross-Strait Architectural
Design Awards (CADA)

International Jury Panel
Professor Alexander Tzonis
(Delft University of Technology, The Netherlands)
Professor Joan Busquets
(Harvard University, Architect Barcelona, Spain)
Jacques Ferrier
(Architect Paris, France)
Dean Brian McGrath
(Parsons The New School for Design)
Professor Eeva-Liisa Pelkonen
(Yale University)

For details, please visit
www.cadsa.com.hk

作品征集 建筑设计大奖

28.3.2015
Cross-Strait Architectural
Design Symposium (CADS)
Architecture, Culture, Place...

建筑设计论坛

主题：建筑．文化．氛围
地点：香港太古广场JW万豪酒店
论坛讲者：大会将从海外、中国内地、
香港、台湾及澳门等地区邀请著名建筑师、
学者担任讲者

主办机构：香港建筑师学会
协办机构：广州市工程勘察设计行业协会
　　　　　深圳市注册建筑师协会
　　　　　台北市建筑师公会
　　　　　澳门建筑师协会

图书在版编目（CIP）数据

注册建筑师03 / 张一莉主编. —— 北京：中国建筑工业出版社，2014.8
ISBN 978-7-112-17078-4

Ⅰ.①注… Ⅱ.①张… Ⅲ.①建筑设计-作品集-中国-现代②建筑师-介绍-中国-现代 Ⅳ.①TU206②K826.16

中国版本图书馆CIP数据核字(2014)第147728号

责任编辑：费海玲　张振光
装帧设计：肖晋兴
责任校对：张　颖　关　健
封面题字：叶如棠

注册建筑师 03

深圳市注册建筑师协会

主　编　张一莉
副主编　赵嗣明 艾志刚 陈邦贤

*

中国建筑工业出版社出版、发行（北京西郊百万庄）
各地新华书店、建筑书店经销
晋兴抒和文化传播有限公司制版
恒美印务（广州）有限公司印刷

*

开本：880×1230毫米　1/16　印张：15　字数：384千字
2014年8月第一版　2014年8月第一次印刷
定价：138.00元
ISBN 978-7-112-17078-4
（25784）

版权所有　翻印必究
如有印装质量问题，可寄本社退换
（邮政编码　100037）